雅趣小书

丛书主编　鲁小俊

酒令丛钞

[清]俞敦培　著

白金杰　注译

谢晓虹　绘

长江出版传媒　崇文书局

前言

鲁小俊教授主编的十册“雅趣小书”即将由崇文书局出版，编辑约我写一篇总序。这套书中，有几本是我早先读过的，那种惬意而亲切的感觉，至今还留在记忆之中。于是欣然命笔，写下我的片段感受。

“雅趣小书”之所以以“雅趣”为名，在于这些书所谈论的话题，均为花鸟虫鱼、茶酒饮食、博戏美容，其宗旨是教读者如何高雅地生活。

南宋的倪思说：“松声，涧声，山禽声，夜虫声，鹤声，琴声，棋落子声，雨滴阶声，雪洒窗声，煎茶声，作茶声，皆声之至清者。”（《经鉏堂杂志》卷二）

明代的陈继儒说："香令人幽，酒令人远，石令人隽，琴令人寂，茶令人爽，竹令人冷，月令人孤，棋令人闲，杖令人轻，水令人空，雪令人旷，剑令人悲，蒲团令人枯，美人令人怜，僧令人淡，花令人韵，金石鼎彝令人古。"(《幽远集》)

倪思和陈继儒所渲染的，其实是一种生活意境：在远离红尘的地方，我们宁静而闲适的心灵，沉浸在一片清澈如水的月光中，沉浸在一片恍然如梦的春云中，沉浸在禅宗所说的超因果的瞬间永恒中。

倪思和陈继儒的感悟，主要是在大自然中获得的。但在他们所罗列的自然风物之外，我们清晰地看见了"香""酒""琴""茶""棋""花""虫""鹤"的身影。这表明，古人所说的"雅趣"，是较为接近自然的一种生活情调。

读过《儒林外史》的人，想必不会忘记结尾部分的四大奇人："一个是会写字的。这人姓季，名遐年。""又一个是卖火纸筒子的。这人姓王，名太。……他自小儿最喜下围棋。""一个是开茶馆的。这人姓盖，名宽，……

后来画的画好，也就有许多做诗画的来同他往来。”“一个是做裁缝的。这人姓荆，名元，五十多岁，在三山街开着一个裁缝铺。每日替人家做了生活，余下来工夫就弹琴写字。”《儒林外史》第五十五回有这样一段情节：

一日，荆元吃过了饭，思量没事，一径踱到清凉山来。这清凉山是城西极幽静的所在。他有一个老朋友，姓于，住在山背后。那于老者也不读书，也不做生意，养了五个儿子，最长的四十多岁，小儿子也有二十多岁。老者督率着他五个儿子灌园。那园却有二三百亩大，中间空隙之地，种了许多花卉，堆着几块石头。老者就在那旁边盖了几间茅草房，手植的几树梧桐，长到三四十围大。老者看看儿子灌了园，也就到茅斋生起火来，煨好了茶，吃着，看那园中的新绿。这日，荆元步了进来，于老者迎着道："好些时不见老哥来，生意忙的紧？”荆元道："正是。今日才打发清楚些，特来看看老爹。”于老者道："恰好烹了一壶现成茶，请用杯。”斟了送过来。荆元接了，坐着吃，道："这茶，色、香、味都好，老爹却是那里取来的这样好水？”于老者道："我们城西不比你城南，到处井泉都是吃得的。”

荆元道："古人动说桃源避世，我想起来，那里要甚么桃源？只如老爹这样清闲自在，住在这样城市山林的所在，就是现在的活神仙了！"

这样看来，四位奇人虽然生活在喧嚣嘈杂的市井中，其人生情调却是超尘脱俗的，这也就是陶渊明《饮酒》诗所说的"结庐在人境，而无车马喧"。

"雅趣"可以引我们超越扰攘的尘俗，这是《儒林外史》的一层重要意思，也可以说是中国文化的特征之一。

古人有所谓"玩物丧志"的说法，"雅趣"因而也会受到种种误解或质疑。元代理学家刘因就曾据此写了《辋川图记》一文，极为严厉地批评了作为书画家的王维和推重"雅趣"的社会风气。

辋川山庄是唐代诗人、画家王维的别墅，《辋川图》是王维亲自描画这座山庄的名作。安史之乱发生时，王维正任给事中，因扈从玄宗不及，为安史叛军所获，被迫接受伪职。后肃宗收复长安，念其曾写《凝碧池》诗怀念唐王朝，又有其弟王缙请削其官职为他赎罪，遂从宽处理，仅降为太子中允，之后官职又有升迁。

刘因的《辋川图记》是看了《辋川图》后作的一篇跋文。与一般画跋多着眼于艺术不同，刘因阐发的却是一种文化观念：士大夫如果耽于“雅趣”，那是不足道的人生追求；一个社会如果把长于“雅趣”的诗人画家看得比名臣更重要，这个社会就是没有希望的。

中国古代有“文人无行”的说法，即曹丕《与吴质书》所谓“观古今文人，类不护细行，鲜能以名节自立”。后世“一为文人，便不足道”的断言便建立在这一说法的基础上，刘因“一为画家，便不足道”的断言也建立在这一说法的基础上。所以，他由王维“以前身画师自居”而得出结论：“其人品已不足道。”又说：王维所自负的只是他的画技，而不知道为人处世以大节为重，他又怎么能够成为名臣呢？在“以画师自居”与“人品不足道”之间，刘因确信有某种必然联系。

刘因更进一步地对推重“雅趣”的社会风气给予了指斥。他指出：当时的唐王朝，“豪贵之所以虚左而迎，亲王之所以师友而待者”，全是能诗善画的王维等人。而“守孤城，倡大义，忠诚盖一世，遗烈振万古”的颜杲卿却与盛名无缘。风气如此，“其时事可知矣！”他斩钉截铁地告诫读者说：士大夫切不可以能画自负，也不要推重那些能画的人，坚持的时间长了，或许能转移“豪贵王公”的好尚，促进社会风气向重名节的方向转变。

刘因《辋川图记》的大意如此。是耶？非耶？或可或否，读者可以有自己的看法。而我想补充的是：我们的社会不能没有道德感，但用道德感扼杀“雅趣”却是荒谬的。刘因值得我们敬重，但我们不必每时每刻都扮演刘因。

“雅趣小书”还让我想起了一篇与郑板桥有关的传奇小说。

郑板桥是清代著名的“扬州八怪”之一。他是循吏，是诗人，是卓越的书画家。其性情中颇多倜傥不羁的名士气。比如，他说自己“平生谩骂无礼，然人有一才一技之长，一行一言之美，未尝不啧啧称道。囊中数千金随手散尽，爱人故也”（《淮安舟中寄舍弟墨》），就确有几分“怪”。

晚清宣鼎的传奇小说集《夜雨秋灯录》卷一《雅赚》一篇，写郑板桥的轶事（或许纯属虚构），很有风致。小说的大意是：郑板桥书画精妙，卓然大家。扬州商人，率以得板桥书画为荣。唯商人某甲，赋性俗鄙，虽出大价钱，而板桥决不为他挥毫。一天，板桥出游，见小村落间有茅屋数椽，花柳参差，四无邻居，板上一联云：“逃出刘伶裈外住，喜向苏髯腹内居。”匾额是“怪叟行窝”。这正对板桥的口味。再看庭中，笼鸟盆鱼与花卉芭蕉相掩映，室内陈列笔砚琴剑，环境优雅，洁无纤尘。这更让板桥高兴。良久，主人出，仪容潇洒，慷慨健谈，自称“怪叟”。鼓琴一曲，音调清越；醉后舞剑，顿挫屈蟠，不减公孙大娘弟子。“怪叟”的高士风度，令板桥为之倾倒。此后，板桥一再造访“怪叟”，“怪叟”则渐谈诗词而不及书画，板桥技痒难熬，自请挥毫，顷刻十余帧，一一题款。这位“怪叟”，其实就是板桥格外厌恶的那位俗商。他终于“赚”得了板桥的书画真迹。

《雅赚》写某甲骗板桥。“赚”即是“骗”，却又冠以“雅”

字，此中大有深意。《雅赚》的结尾说："人道某甲赚本桥，余道板桥赚某甲。"说得妙极了！表面上看，某甲之设骗局，布置停当，处处搔着板桥痒处，遂使板桥上当；深一层看，板桥好雅厌俗，某甲不得不以高雅相应，气质渐变，其实是接受了板桥的生活情调。板桥不动声色地改变了某甲，故曰："板桥赚某甲。"

在我们的生活中，其实也有类似于"板桥赚某甲"的情形。比如，一些囊中饱满的人，他们原本不喜欢读书，但后来大都有了令人羡慕的藏书：二十四史、汉译名著、国学经典，等等。每当见到这种情形，我就为天下读书人感到得意："君子固穷"，却不必模仿有钱人的做派，倒是这些有钱人要模仿读书人的做派，还有比这更令读书人开心的事吗？

"雅趣小品"的意义也可以从这一角度加以说明：它是读书人经营高雅生活的经验之谈，也是读书人用来开化有钱人的教材。这个开化有钱人的过程，可名之为"雅赚"。

陈文新

2017.9 于武汉大学

雅趣小书

酒令丛钞

目录

酒令丛钞

译文

雅趣小书

原文

饮食丛钞

雅趣小书

导读

喝酒旨在得趣，不必定要喝醉，“偶得酒中趣，空杯亦常持”。若是贪杯滥饮，轻则伤身，重则不虞。大禹称后世必有因酒亡其国者，但屡禁难止。孔融以禁酒为矫枉过正：女色也可亡国，今人怎么不禁婚姻，偏要禁酒呢？可见，节制才是关键。有了酒令，就可以“发乎情，止乎礼”：雅令可以比文才，俗令可以拼运气，文有文的章法，武有武的路数，各自得趣，皆大欢喜。

清人俞敦培《酒令丛钞》一书，正是收录这些章法、路数的集大成者。

俞敦培，字芝田，清末金匮（今江苏无锡）人。国子生，做过江西乐平知县。撰有《艺云词》《酒令丛钞》。俞敦培所好多雅趣，他的同僚金武祥说他工诗、词、画，有“三绝”之称，并因“海棠红得可人怜”一句，被人赠以“俞海棠”的雅号。其为人也多豪兴，他的同乡侯学愈提到，敦培挂冠之后，开辟小园，“莳花种竹”，呼朋唤友，“四方同好来游者，倒屐联袂，觞咏无虚日”。

《酒令丛钞》四卷，即可见出俞敦培的“雅人深致”。卷一“古令”辑录书、史中古人饮酒的遗闻佚事。卷二“雅令”多为文人“处心积虑”比拼文才的文字游戏。卷三“通令”雅俗皆可，多是比拼手气。如骰子令、羯鼓催花令、猜花令、揭彩令、拇战等，便是《红楼梦》中的贵族小姐们，也可玩一玩。卷四“筹令”，类似抽签，每人抽一支，上面写有一句，备注饮法，比白居易“醉折花枝当酒筹”更胜一筹。

酒令大如军令，但有个原则，“巧不伤雅，严不入苛”，得趣即可。像《史记·齐悼惠王世家》所载，朱虚侯刘章为令官，因吕氏一人逃酒就按军法斩之，显然不是游戏，而是伺机报复了。当如《红楼梦》中鸳鸯行牙牌令，刘姥姥说了“大火烧了毛毛虫”，也算通关，才有兴味。

有了酒令，酒场如战场。袁宏道《觞政·七之战》中提到几种战况：户饮者——酒量大的，比酒量；气饮者——未必大量，但气壮的，比气场；趣饮者——口才好的，比谈机、语锋；才饮者——有文才的，比诗词曲赋；神饮者——善谋的，比心机。各得其所。

行令如对战，总要棋逢对手才好。像文人作雅令，为了增加难度，无所不用其极，尽力挖掘汉字的形、音、义，充分调动所学的经、史、子、集，白居易所说的“闲征雅令穷经史”即是。如四书令、四书贯人名令、四书贯卦名令、四书贯千字文令、四书贯西厢令等，对普通民众来说，不啻天书，无趣至极；对文人而言，却乐在其中。《红楼梦》六十二回，湘云出了一个令，与《酒令丛钞》所辑“古文贯串令”类似：“酒面要一句古文，一句旧诗，一句骨牌名，一句曲牌名，还要一句时宪书上的话，共总凑成一句话，酒底要关人事的果菜名。”如此唠叨的酒令，红楼中人听了，还觉得“倒也有意思”。可见，雅令也还要雅人行，若是薛蟠来行“女儿令”，也只能说出“女儿愁，绣房钻出个大马猴”来。

通令也有通令的乐趣。摇骰子、划拳不必说，比的是运气。像“说笑话”、“泥塑令”（颇似今日儿童玩的“一二三、木头人”，谁动算谁输），考验的是人的定力。像“拍七令”、“五官搬家令”等，比拼的是人的反应速度。这类令简便易行，又热闹喜气。

雅、通虽有别，却旨归同一，即如何不失风度，又合群欢喜，“饮酒孔嘉，维其令仪”。

虽然是游戏，人生难得是得趣。

读者闲暇读此书，于“古令”得些掌故，于“通令”、“筹令”得些趣味，于“雅令”体会些穷理尽情的文字妙处，就可以不负作者当初的雅意了。

本书以上海进步书局本为底本，并参校其他版本，整理注译。因篇幅有限，对原文略作删节，注释或有粗疏不当之处，还请读者雅谅。

白金杰

2017.12

酒令丛钞
译文
雅趣小书

酒令丛钞提要

《酒令丛钞》，清代无锡人俞敦培撰。共四卷。适用古今，雅俗共赏，是酒席、宴会上沟通感情的媒介和先锋。宴饮中行酒令，可以约束、规范饮酒的行为，也可以免除酒桌上喧哗的陋习，接续古时的风雅。至于本书资料丰富，条目清晰，内容引人入胜，尚属作者以余力为之。凡谈及酒令的，应当没有比此书更为详备的了。

古令

礼饮

《礼记·乐记》：养猪酿酒，并非为了制造祸端。但讼案日益增多，则是因为饮酒所致，因此，先王才会制定酒礼。仅是“一献”之礼，宾主之间就要多次拜饮，这样即便终日饮酒也不会醉。先王就是以此法来防备喝酒酿祸。所以，酒食，是用以助兴的；酒礼，是用以节度的。

牛饮

汉代刘向《新序》：夏桀造的酒池，大到可以行船，酒糟堆积如山，七里之外都可望见。击一下鼓三千人就俯伏在酒池边，像牛饮水一样饮酒。

投壶赋诗

（古人的投壶游戏，虽然不是酒令，但晋齐此次会宴，投壶时各有祝辞，可视为酒令的先声。）

《左传·昭公十二年》：晋昭公与齐景公会饮，晋国大夫荀吴相礼，两国国君投壶为乐。投壶时，晋昭公先投，穆子致辞："酒如淮水多，肉似土丘高。国君若投中，能为诸侯首。"晋昭公投中了。齐景公投壶时，执箭自致辞："酒多如渑水，肉高如山冈。我若能投中，替代晋国昌。"齐景公也投中了。

即席作歌

《史记·高祖本纪》：汉高祖十二年十月，高祖在会甄击溃了英布的军队，英布逃走，高祖另派将领去追击。高祖撤军归还，经过家乡沛县，暂驻车驾。在沛宫设酒宴，将昔日故人、父老子弟全都召来痛饮。征得沛中健儿一百二十人，教他们唱歌助兴。酒喝到酣畅时，高祖击筑，自作一歌，唱道："大风起兮云飞扬，威加海内兮归故乡，安得猛士兮守四方。"

即席赋诗

《南史》：南朝宋孝武帝曾设宴欢饮，令与宴大臣都要作诗。沈庆之虽略有口才，但却不擅写字。孝武帝逼他写诗，庆之说：“臣不擅长写字，请允许我口授颜师伯，代我书写。”孝武帝即令颜师伯执笔，庆之口授道：“微生遇多幸，得逢时运昌。朽老筋力尽，徒步还南冈。辞荣此圣世，何愧张子房。”在座的都称赞这首诗辞义兼美。

《梁书》：梁武帝曾一次召二十余人，置酒赋诗。臧盾没写出诗，被罚喝一斗酒。他饮后脸色不变，谈笑如常。萧介写诗则文思敏捷，一挥而就。梁武帝对两个人都很赞赏，说：“臧盾的酒量，萧介的诗才，都是宴席上的雅事。”

《旧唐书·李虞仲传》：李虞仲的父亲李端擅长写诗，与韩翃、钱起、卢纶等人驰名京城，被称为“大历十才子”。当时，尚父郭子仪之子郭暧娶了代宗之女昇平公主，公主贤明又有才情，尤其喜好诗人。李端等诗人常出入郭暧门下。每次宴集赋诗，公主就坐在帘后观看，诗写得好的，就赏给百缣。

即席唱和

《南史·陈后主纪》：陈后主常令贵妃张丽华、孔贵嫔等八个美人夹坐，使江总、孔范等十个狎客陪宴。先令八个美人裁彩笺作五言诗，再令十个狎客和作，和得慢的就罚酒。

即席联句

《南史》：南朝梁武将曹景宗大破魏军，凯旋归来，梁武帝在华光殿设宴。席上联句，武帝令尚书左仆射沈约出韵。曹景宗没有分得韵，神情不快，向梁武帝求赐韵，让他作诗。武帝说："将军多才多能，人中英杰，何必要争作一诗呢？"但曹景宗已喝醉了，再三请求。武帝只好让沈约分韵给他。当时，韵已分光，仅剩"竞"、"病"二字。景宗当即拿笔，转瞬即成，诗为："去时儿女悲，归来笳鼓竞。借问行路人，何如霍去病？"武帝看后，赞赏不已，沈约及其他朝臣也惊叹许久。

后至者饮

《韩诗外传》：齐桓公设宴饮酒，对诸侯大夫说："晚来的罚酒一经程。"结果管仲来迟，当饮一经程，却只饮了一半。恒公说："仲父，您应该喝一经程，却弃掉一半，为什么呢？"管仲回答说："臣听说，酒喝多了就会话多，话多就可能丢命。与其丢命，不如舍弃酒。"（注：经程，一种大的盛酒器皿。）

了语危语

《晋书·顾恺之传》：晋时名士桓玄与顾恺之同在殷仲堪家，一起说了语。顾恺之说："大火烧平原，灰烬都无（草没了，灰飞了）。"桓玄说："白布缠棺木，竖起灵幡（人死了，万事了）。"殷仲堪说："投鱼归深渊，放鸟飞长空（鱼游了，鸟飞了）。"之后，三人又约作危语。桓玄说："脚踩在矛尖上淘米，剑尖上烧饭。"殷仲堪说："百岁老翁，攀上枯枝。"此时，有个参军在一旁道："盲人骑着瞎马，夜半临近深池（危在咫尺）。"殷仲堪有一只眼睛是失明的，听闻此语，大惊道："太咄咄逼人了！"

愚按：此处虽然没有提及是否为宴集，但约定后各作一语，依次来说，与今日酒令颇相似，所以收录进来。

加倍令

《启颜录》：北齐高祖曾令人读《文选》，对郭璞的《游仙诗》赞赏不已。众学士附和说："这首诗写得极好，正如圣上所言。"石动筩却站出来反驳："这首诗有什么了不起？若让我写，能超出他一倍。"高祖很生气，半晌才说："你是什么人，竟敢如此夸口？说作诗能好过郭璞一倍，不是找死吗？"动筩就说："陛下若令臣作诗，臣不超出他一倍，甘心受死。"高祖就让他作一首。动筩说："郭璞的《游仙诗》说：'青溪千余仞，中有一道士。'臣作诗：'青溪二千仞，中有两道士。'岂不是超过他一倍？"高祖方破怒为笑。

愚按：现在的加倍令，如"十月江深草阁寒"（杜甫原诗为"五月江深草阁寒"）之类，应是由此而来。

回文反覆

皮日休在《杂体诗序》中提到，晋时傅咸有回文反覆诗，回环反复，来表示忧心辗转，如“悠悠远迈独茕茕”（原诗为“悠悠远迈，我独茕茕”，也可读作“茕茕独我，迈远悠悠”）即是。

愚按：齐梁以来的回文诗，今日的反覆令，皆是由此而来。

叠韵双声

《坚瓠集》：尚书边贡续娶的妻子胡氏，通晓文辞。边贡侍妾多，胡氏曾因此与他不和。一天宴请宾客，有客人行一个叠韵的酒令：“讨小老嫂恼。”意思是讨小老婆，惹得家里老婆发怒。边贡对不上。胡氏用小纸条写了“想娘狂郎忙”五个字，说：“何不用这句来对？”（意思是想女人想得那轻狂子不得空闲。既对韵，又合情。）坐客会意大笑。

药名

梁简文帝萧纲的《药名诗》有“烛映合欢被，帷飘苏合香”之句。梁元帝萧绎有“戍客恒山下，当思衣锦归”之句。北宋黄庭坚的“四海无远志，一溪甘遂心。牵牛避洗耳，卧著桂枝阴”，词意浅显。今日的药名诗令，如“计程应说到常山”等，同样巧妙。

四色诗

南朝齐，王融有一首《四色诗》：“赤如城霞起，青如松雾澈。黑如幽都云，白如瑶池雪。”南朝梁时，范云也有《四色诗》。今日的五色飞觞令，比这个更难。

习字廋词

《洛阳伽蓝记》：王肃参加北魏孝文帝的宫廷宴会，孝文帝举杯说："三三横，两两纵，谁能知道这是什么，我就赐他金酒杯。"御史中丞李彪说："卖酒的老妇能把大瓮的酒注入小口容器，卖肉的屠夫用手掂肉能与秤称的大致等重。"尚书右丞甄琛说："吴越地区的人都会游泳，表演杂技的绳技高超可不挨地（都有技艺熟习之意）。"彭城王拓拔勰才说："臣才猜出，这是'习'（習）字。"（隶书的"習"字正好是三个三横，两个两纵，即四竖）孝文帝因为李彪最早猜出而赐给他金酒杯。

愚按：这种廋语，类似今日的射覆，先猜出的不直说答案，做谜语再启发他人。

口字咏

南朝陈时，沈炯有一首《和蔡黄门口字咏绝句》："嚣嚣宫阁路，灵灵（靈靈）谷口闾。谁（誰）知名器品，语（語）哩各崎岖（嶇）。"（诗中每一个字都有"口"字）今日的"有口诗"酒令和"无口诗"酒令，都源于此。

藏钩、藏阄、射覆

《三秦记》：据说，汉武帝宠妃钩弋夫人生下来就双手攥拳（汉武帝打开她的双手，发现里面攥有一个玉钩），当时的人纷纷效仿，作藏钩游戏。

《采兰杂志》：九是阳数，古人将每月的二十九日定为上九，初九日作中九，十九日为下九。每月下九日，女子们置酒欢聚，当夜玩藏钩等游戏，等待月明。

《风土记》：藏钩游戏，参与者分出两组来争胜负。如果人数是偶数，则两两相对。如果人数是奇数，多出一人则可以灵活机动，随意依附这一组或那一组，称为“飞鸟”。

愚按：今日的猜花令，取十只酒杯，将一朵花藏于其中一只杯子下。一组藏，一组揭猜，错则罚酒。这也是由藏钩游戏发展而来的。

《辽史·游幸表》：开泰八年（1019），辽圣宗亲临晋长公主府第，举行藏阄宴。根据《辽史·礼志·藏阄仪》，当天，南北臣子穿常服入朝，皇帝在天祥殿设宴，臣子们依位赐坐。契丹人面南而坐，汉人面北而坐。分两组行阄令，每组五或七筹。圣宗而后给臣子们赐膳。食毕，大家都起身。众臣僚再回到原位行阄。到了晚上，圣宗赐茶，再行三筹或五筹。收场后，改教坊侍奉歌舞。行阄时，若皇帝拈得阄，则众臣僚都需向皇帝敬酒，皇帝也要依次赐酒。

李商隐的诗有“隔座送阄春酒暖，分曹射覆蜡灯红”。

愚按：《汉书·东方朔传》《三国志·管辂传》中都说射覆是占卜灵验之术。现今精通六壬术的，有的还能占验。《唐书》记载，唐玄宗任命宰相时，将人选的名字写下来。适逢太子进宫，玄宗用金瓯覆住人名，说：“此中是宰相的人选，你知道是谁吗？猜中的话就赐酒一杯。”这种射覆就与术数占卜不同了。而今天酒宴上的射覆，也称作射雕覆，与之前差别更大。其规则是，上一字为雕，下一字为覆，设此谜团者如谜底为“酒”字，则用相连字句如“春”、“浆”二字射之，也就是用春酒、酒浆隐喻“酒”字。射者不直接说出谜底，彼此会意即可。其他宾客再猜。猜不中则罚酒，猜中则令官喝酒。

（《红楼梦》第六十二回，众人为宝玉等庆生，宝玉提议行令。平儿拈阄，拈出一个“射覆”。宝钗笑说拈出了酒令的祖宗。由宝琴开始掷骰子，点数相同的射覆。宝琴覆，香菱射。宝琴说了个“老”字，香菱猜不出。湘云看到门斗上的“红香圃”，猜到宝琴覆的是“吾不如老圃”，便暗示香菱射一个“老”字。被黛玉点破，香菱罚酒一杯。之后探春覆一个“人”字，又覆一个“窗”字，宝钗猜到用的是“鸡人”、“鸡窗”二典，因此射了一个“埘”字。探春便知道，宝钗用的是“鸡栖于埘”的典，即已射着。二人各饮一杯。）

倒饮

《神仙传》：孔元方，许昌人，有一百七十多岁。有时道士们聚在一起饮酒，大家行酒令。轮到元方，元方作了一个酒令，用手杖拄地，倒立，头在下，脚在上，用一只手拿酒杯，倒立着喝酒。其他人都不能这样做。（见通令“独行令”）

三字同音令

《纪异录》：相国令狐楚听闻进士顾非熊能言善辩，才思敏捷，就出了个“改一字令”：“从水里取出一个鼍，从岸上取来一个驼，用这只驼来驮这只鼍，就是驼驮鼍。”（句尾三字同音）顾非熊对曰：“从房子上捉一只鸽，从水里捞出一个蛤，用这个鸽去合这个蛤，就是鸽合蛤。”（因为“合”也读作“gě”，所以也算三字同音）

急口令

唐郑綮《才鬼录》：隋朝有个侍郎叫长孙鸾，年纪大了，又结巴，贺若弼造了一个急口令来戏弄他：“鸾老头脑好，好头脑鸾老。”让长孙鸾反复急速诵念，结果笑料百出。今日酒令中的急口令就是据此而来。

一字象形

唐丁用晦《芝田录》：高骈镇守成都时，命酒佐薛涛行“改一字令”，要求说出一个字，再说一句话描绘这个字的形象，还要押韵。高骈先说：“口，好像一个没有提梁的斗。”薛涛对答：“川，好像三条架屋的木椽。”高骈质疑：“怎么有一条椽子是弯的？”薛涛答：“您贵为西川节度使，还使一个没有提梁的斗；而我是一个穷酒佐，三条椽子里只有一条有点弯，又有什么可奇怪的呢？”

属对令

《蔡宽夫诗话》：唐人饮酒通常行酒令以助兴，白居易的“闲征雅令穷经史”即是此意。今日仍有这样的风气。曾有人行过这样的酒令：“马援以马革裹尸，死而后已。”答者说：“李耳以李树为姓，生而知之。”又说“鉏麑触槐，死作木边之鬼”。答者对：“豫让吞炭，终为山下之灰。”还有以可拆分的经部字句来对对子，如“火炎昆冈”用“土圭测影”来应答，这也是不易多得的。

愚按：“马援”那一联，以尸（屍）死、姓生两个字来互相拆分，也就是过去所说的“藏头格”。（即拆上联首句尾字“屍”中“死”字，为次句“死而后已”的首字；拆下联首句尾字“姓”中“生”字，为次句“生而知之”的首字。第二副酒令亦如此，将“槐”拆为“木边之鬼”，“炭”拆为“山下之灰”。两副酒令都妙在拆字成句后，句意恰切。）

书句俗语

《唐摭言》：沈亚之客游时，曾被一群小辈嘲谑："我们来行个改令，诗书原有的雅句和俗语各说两句。'伐木丁丁有声，树上鸟鸣嘤嘤（出自《诗经·小雅·伐木》）。离树东奔西走，到处讨饭要羹。'"沈亚之答曰："君子风雅好学，相互切磋琢磨（出自《诗经·卫风·淇奥》）。小人打妻逐客，不做英雄好汉。"

小字

《唐书·李君羡传》：贞观初年，宫中设宴，行酒令，各报自己的小名。李君羡自报小名为"五娘子"。

措大吃酒点盐

《唐摭言》：方干有唇裂，喜好凌辱他人。曾与龙丘李主薄一同喝酒。李主薄眼中有白翳，方干便以改令来讥讽他，说："穷书生吃酒点盐，大将军吃酒点酱。只见过门外安篱笆，没见过在眼中安屏障。"李主薄则答道："穷书生吃酒点盐，下层人吃酒点醋。只见过手臂上戴环饰，不曾见口唇穿开裆裤。"

飞盏言状

《玉泉子》：裴勋生得矮小，凡事不拘小节。一次，他与他父亲裴垣在一处饮酒，裴垣行飞盏令。每次将杯子传下去，则要用几句话描绘对方。裴垣递给裴勋时说："矮子多嘴多舌，就像破车多铆多楔，吱吱嘎嘎聒噪没完。裴勋，饮满杯。"裴勋接过酒，一饮而尽，又斟满递还他父亲，说："蝙蝠嫌弃梁间的燕子，看见别人黑看不见自己黑。十一郎，饮满杯。"裴垣，兄弟中排行第十一。（结尾尚有一句"垣怒笞之"。如此儿子，也该挨打。）

乐器名

《唐摭言》：卢肇在歙州为官时，曾迎请姚岩杰到任所。二人相会于江边小亭。卢肇提议以眼前所见之物为酒令，以乐器名收尾。卢肇先说："远望渔舟，不阔尺八。"姚岩杰喝酒喝得急，靠着栏杆呕吐，对上酒令说："凭栏一吐，已觉空喉（谐音箜篌）。"

闲忙令

《湘山野录》：日本国来使者，请求为他们国家的神元寺题诗，当值的词臣不擅长此道，于是让学士张君房代作。当时，张君房在市井中饮酒，遣人遍寻京城也寻不到他，当值者十分窘迫。那时，种放辞去司隶归隐华山，因此杨亿作"闲忙令"为："世上谁人最闲？种放辞官隐华山。世上谁人最忙？宫中失却张君房。"

徒以上罪

《拊掌录》：欧阳修与人行酒令，约定各作两句诗，要与徒刑以上的罪名相关。一个人说：“月黑杀人夜，风高放火天。”一个人说：“持刀逼寡妇，下海劫人船。”欧阳修说：“酒喝多了，染湿了衣服，花戴多了，压歪了帽子。”有人不解，问此令与徒罪何干。欧阳修说：“已喝到这种境地，徒刑以上的罪也能犯下了。”

卦名证故事

《唾玉集》：苏轼曾与客人一起饮酒行令，酒令规定，先举一个典故，再用六十四卦中的两个卦名与之相贯串。一个人说："孟尝君门下有三千食客，'大有''同人'（多有技艺志向相投的君子）。"一个人说："光武帝发兵渡滹沱河，'未济''既济'（有的未渡河，有的已渡）。"一个人说："刘宽的使女弄脏了朝服，'家人''小过'（刘宽宽厚仁爱，此是家人的小过错）。"苏轼说："牛僧孺父子都犯罪，先斩小畜，后斩大畜（"牛"属"畜"类，杀牛氏父子，可说先杀小畜，再杀大畜）。"这是影射王安石白发人送黑发人。（王安石之子王雱早夭，有人说是变法报应。苏轼虽与王安石政见不同，然不至于作此恶毒语，应是杜撰。）

拆字令

《云麓漫抄》：陶穀出使吴越，吴越国王行酒令曰：“白玉石（为“碧”字所拆），碧波亭上迎仙客。”陶穀对曰：“口耳王（为“聖”字所拆），圣（聖）明天子要钱唐（塘）。”宋徽宗宣和年间，林摅奉命出使契丹，契丹国刚建好碧室，相当于中原帝王用来宣明政教的明堂。契丹国的伴使行令曰：“白玉石，天子建碧室。”林摅对曰：“口耳王，圣人坐明堂。”伴使嘲讽道：“奉使不识字吗？只有‘口耳壬’，没有‘口耳王’。”林摅词穷，怒骂奉使，差点有辱使命。

（繁体“圣”字下本作“壬”而非“王”，故不可拆成“口耳王”。陶穀为上使，错也是对。林摅遇强邻，对亦是错。）

体物令

《续青琐高议》：杨亿曾在丁谓酒席上行酒令："有酒如线，遇斟则见。"丁谓对曰："有饼如月，因食则缺。"因"斟"与"针"、"食"与"蚀"谐音。

冷香令

《坚瓠集》：苏洵家里聚会，说一副对联，以"冷""香"二字收尾。苏洵说："水向石边流出冷，风从花里过来香。"苏轼说："拂石坐来衣带冷，踏花归去马蹄香。"苏辙说："（缺）冷，梅花弹遍指头香。"苏小妹说："叫月杜鹃喉舌冷，宿花蝴蝶梦魂香。"

粘头续尾令（即今之“绩麻令”）

《酒谱》：现在人行酒令，常以下句首字接续上句尾字为戏，称之为“粘头续尾”（即文字接龙、顶真）。曾经有坐客说道：“惟其时矣。”自以为一定没有以“矣”字为句首的，想让接龙的答客难堪。不知有“矣焉也者，决辞也”，出自柳宗元的文章。于是，出令人只得自己满饮一大杯酒。

落地无声令

《笔谈》：苏轼、晁补之、秦观一同拜访佛印，佛印设宴，留三人喝“般若汤”，行令。规则是：先说一种落地无声之物，再引出与之相关的人名，末句要用诗来收尾。苏轼先说：“雪花落地无声，抬头见白起（雪花是白色的），白起问廉颇，为何爱养鹅（鹅也是白色的）。廉颇说：白毛浮绿水，红掌注清波。”晁补之说：“笔花（有笔头生花之说）落地无声，抬头见管仲（“管城子”是毛笔的代称），管仲问鲍叔，如何爱种竹（竹可用来制笔）。鲍叔说，只须两三竿，清风自然足。”秦少游说：“蛀屑落地无声，抬头见孔子（虫蛀的地方可以见到孔洞）。孔子问颜回，为何爱种梅（梅花有颜色）。颜回说，前村风雪里，昨夜一枝开。”佛印说：“天花（天花乱坠）落地无声，抬头见宝光（宝光佛），宝光问维摩（居士），僧行近如何（修行近来如何？）。维摩说，对客头如鳖，逢斋项似鹅（看到访客就像鳖藏头不见，等到吃饭时就像鹅伸长脖子）。”

诗里藏阄令

《寓简》：喝酒时，众人行一个酒令，规则是：说一句诗，要影射一种水果，类似廋语（谜语）。如“迢迢良夜惜分飞，意是清宵离别”，影射水果为“青消梨”（梨的一个品种）。又如“黄鸟避人穿竹去，意是山莺逃去”，影射水果“山樱桃”。再如“芰荷翻雨浴鸳鸯，意是水淋禽（鸟）”，影射水果“水林檎”（俗称花红、沙果）。可惜用语太俗。

成语回环令

《寓简》：酒宴上，有人出成语回环令，说：“迅雷风烈（语出《论语·乡党》），烈风雷雨（语出《尚书·舜典》）。”一个人对曰：“绝地天通（语出《尚书·吕刑》），通天地人（语出《法言·君子》）。”又有人曰：“吾得坤乾（语出《礼记·礼运》），乾坤得位。”

攒三字令

《寓简》：巧妙运用文章典籍中的文句作酒令，如《醉乡日月》所记载的，也能够见出行令人的博学、灵活和应对之敏捷。黄庭坚与刘莘老丞相同在翰林院时，每次厨房的人问吃什么时，黄庭坚就点些山珍海味。而刘莘老是北方人，朴实厚道，经常说“来日吃蒸饼”，还带着家乡的口音。黄庭坚不喜欢刘莘老的简朴，一次众人一起喝酒，行“三字离合令”时，有的人说：“戊丁成皿盛（“戊丁”合为“成”字，“成”合“皿”成“盛”字，其余皆是如此）。”有的人说：“白玉珀石碧。”有的人说：“里予野土墅。”黄庭坚说：“禾女委鬼魏。”未等刘莘老接酒令，黄庭坚就抢着说道：“我来替您对吧，‘来力勑正整’如何？”其发音与方言的“来日吃蒸饼”很像，在座的都大笑，只有刘莘老不高兴。

愚按：单个的“敕”可以写作异体字“勑”，但“整”字上的“敕”一般不写成“勑”，而是“敕”。黄庭坚是以民间手写的字体来行此酒令戏谑刘莘老的。

儒道释吏令

《山堂肆考》：一次，儒生、道士、和尚和一个小吏同席而饮，约好行一个酒令，要求说两句话，首句的首字和尾句的尾字要相同。儒生说："上以风化下，下以风刺上。"道士说："道可道，非常道。"和尚说："色即是空，空即是色。"轮到小吏了，他说："牒件状如前，谨牒。"（各是当行本色）

六鹤

《坚瓠集》：古代人喝酒时掷博来行酒令。箭是用象牙制成，长有五寸，箭头刻成鹤的形状，投掷的时候六枝一齐脱手，所以称之为"六鹤齐飞"。现今的牙筹，也有古时的雅意。

猜枚

《茶余客话》：元代姚文奂有诗："晓凉船过柳洲东，荷花香里偶相逢。剥将莲子猜拳子，玉手双开不赌空。"猜拳赌空，都是可入诗的素材。如今日的猜枚酒令，前后不空放（或单或双）。

大人小人令

《蓄德录》：明御史韩雍与夏埙一同饮酒，二人各出酒令。韩雍提出"大人小人令"，要求说一个字，带出大人和小人，并且用俗谚来验证。韩雍先说："伞（傘）字有五人，下列众小人，上侍一大人，所谓'有福之人人服事，无福之人服事人'。"夏埙对答："爽字有五人，旁列众小人，中藏一大人，所谓'人前莫说人长短，始信人中更有人'。"

盗令

《七修类稿》记载：一次，我与众士人一起宴饮，有人提议，以盗窃之事来行酒令，说：“‘发冢’可以对‘窝家’。”接着有人说：“‘白昼抢夺’可以对‘黑夜私奔’。”众人说：“私奔不能算盗窃。”那个人说：“虽然名义上不是盗窃，但从性质而言，也属于盗窃（偷香窃玉）。”一个人说：“‘打地洞’可以对‘开天窗’。”众人说：“开天窗绝不是盗窃之事。”那个人说：“现在敛财的头目，总要从下属的财物中抽头，称之为‘开天窗’，难道不是盗窃吗？”众人大笑，不再追问。

拆字贯成句

《归田琐记》记载：前朝明代陈循因得罪权贵被贬，同僚为他送行，设宴饯行时行“拆字贯成句”酒令。陈循说：“轰（繁体为‘轟’）字三个车，余斗字成斜。车车车，远上寒山石径斜（杜牧诗）。”高毂说：“品字三个口，水酉字成酒。口口口，劝君更尽一杯酒（王维诗）。”循自言曰：“矗字三个直，黑出字成黜。直直直，焉往而不三黜（出自《论语》）？”

鸟名串四书曲文令

《两般秋雨庵随笔》记载：陈继儒曾在首辅王锡爵家中遇到一个官员。那人见到陈继儒，问王锡爵说："他是何人？"王锡爵回答："是一位山人（隐士）。"那人说："既然是山人，为什么不到山里去？"意思是嘲讽陈继儒名为山人，却出入权贵之门。不一会儿，众人入席。那个官员提议行酒令，要求开头是鸟名，中间两句出自四书当中，最后是一句曲词，全句意思要贯通。他先说："十姊妹（鸟名），嫁了个八哥儿（鸟名），八口之家，可以无饥矣（语出《孟子·梁惠王上》）。只是二女将谁靠。"眉公曰："画眉儿（鸟名），嫁了白头翁（鸟名），吾老矣，不能用也（语出《论语·微子》）。辜负了青春年少。"在座都赞赏对得巧妙。那位官员也与陈继儒结为了朋友。

有名无实

《坚瓠集》记载：明代南京有一青楼女子，叫陈二，因为熟读四书，所以人称“四书陈二”。一天，陈二与众多名士一同饮酒，说酒令，要求说一句有此语但并无此事的句子。众人说的都是俗语谣谚，到了陈二，她说：“缘木求鱼。”众人都很赞赏。有一个年轻人故意要辩驳她，说：“乡下人做的捕鱼的罾，都是将木横于水上，人在木上拉鱼罾，岂不是‘缘木求鱼’，有这回事么？”因此罚陈二饮酒。陈二认罚，喝了酒，又说了一句：“挟泰山以超北海。”众人争相赞赏，连少年也无法驳难她了。

物名称谓令

明代万历年间，袁宏道任吴县知县时，有一江西举人来拜访。举人的弟弟为部郎，与袁宏道是科举同年。袁宏道在舟中设宴招待他，并请来了长邑知县江盈科同饮，将同往游山。船靠岸的时候，酒已喝得半酣，人亦微醺。客人请主人行一个酒令。袁宏道见船头放着一个水桶，因此说："酒令要说一件物品，要有关一个亲戚的称谓，和亲戚的官衔。"他指着水桶道："这个水桶，不是水桶，是木员外的箍箍。"（吴人读'哥哥'类若'箍箍'）是说举人是部郎的哥哥。举人看到船上的笤帚，因此说道："这个笤帚，不是笤帚，是竹编修的扫扫（嫂嫂）。"当时，袁宏道的兄长袁宗道和弟弟袁中道都是编修。江盈科思考的时候，看见岸上有捆着稻草，便说道："这捆稻草，不是稻草，而是柴把总的束束（叔叔）。"是因为知道这个举人原本是军籍出身，亲族中还有子弟是武官。（因为对得恰切）于是三人相顾大笑。

雅令

“四书”数目令

此令限说四书中的四字句，句首是数字，按照序数大小依次来说。一句之内不能出现两个数字，如“三十而立”之类。说错的罚酒，说不出的加倍罚酒。如：

“一人定国”（《大学》）、“二女女焉”（《孟子·万章》）、“三子者出”（《论语·先进》）等。

读《大学》

此令用《大学》第一章，从“大学之道”说到“未之有也”。在座的每人依次诵一个字。遇到如下情况则噤口不言：遇到“心”字时，只许用手指自己的心；遇到“口”字时，只许用手指口。（遇到上面为一横的字为“天覆”，如“而”字，则只许用手覆于胸前；遇到下面为一横的字为“地载”，则只许用手承于腹上。遇到“正”字这类兼为“天覆”、“地载”的字，则用两手作出覆胸、承腹的动作。

遇到句读处的“之”“乎”“者”“也”，则摇摇头。遇到“然而”“所以”，则挥一下手。错则罚酒。

其他规则：遇到整句饮一杯，遇到短句饮半杯。虽不用罚酒，也可以饮上数十杯。这个酒令规则不局限于什么书，都可以套用。

一品令

此令从四书中取三字句，句中须含三个口字。如：“何谓善”（《孟子·尽心下》）、“何谓信”（《孟子·尽心下》）、“善哉问”（《论语·颜渊》）等。不能成令者罚酒。

四声令

此令从四书中摘四字句，要求该句四字声调符合“平上去入”。如：

“何以报德”（《论语·宪问》）、“康子馈药”（《论语·乡党》）、“天下大悦”（《孟子·离娄》）。

“四书”连理令

此令从四书中摘句，要求上句末尾的字与下句首字相同。如：

“夫人不言，言必有中”“君子务本，本立而道生”“子见南子，子路不悦”（此三句均出自《论语》）等。

先生令

此令摘四书中有“先生”二字的语句。如：

“先生以利说秦楚之王”（《孟子·告子》）、“先生以仁义说秦楚之王”（《孟子·告子》）、“先生馔”（《论语·为政》）等。

“四书”贤否回环令

此令选四书中前后两句好、坏二词循环往复的。如：

“君子泰而不骄，小人骄而不泰”（《论语·子路》）、“君子周而不比，小人比而不周”（《论语·为政》）、“君子和而不同，小人同而不和”（《论语·子路》）等。

并头离合字令

此令限两句首字可离合者，成一新字。如：

《大学》中的“如保赤子，心诚求之”，取两句首字“如”与“心”，可拼成“恕”字；《中庸》中的“小德川流，大德敦化”，取两句首字“小”“大”可拼成“尖”字；《孟子》中的“一日暴之，十日寒之”，取两句首字“一”“十”可合成“干”字。

又上下离合格

此令限句首字与尾字可离合者，成一新字。如：

“人有言”，取首字“人”与尾字“言”，可拼成“信”字。“有德此有人”，取首字“有”与尾字“人”，可拼成“侑”字。余者“人莫不饮食也”，首尾字可拼“他”字；“月移花影上阑干”，首尾字可拼成“肝”字；“山色空濛雨亦奇”，首尾字可拼成“崎”字；“利欲驱人万水牛”，首尾字可拼成“犁”字。

“四书”贯《西厢》

用四书中的句子对应《西厢记》中的句子，要求句意贯通。

《中庸》中的“行乎富贵”可对应《西厢记》卷三《赖简》中的“金莲蹴损牡丹芽”。

《论语·里仁》中的“无适也，无莫也”可对应《西厢记》卷三《后候》中的“又不曾有甚”。

《孟子·告子下》中的“无忘宾旅”可对应《西厢记》卷四《酬简》中的“可怜我为人在客”。

又贯《水浒》人名令

用四书中的一句，对应《水浒传》中的一个人名。如：

《论语》中的“曾子曰唯”，上一句是：“子曰：‘参乎，吾道一以贯之。’”孔子为鲁国人，“一以贯之”有“达”之意，按情理，可对“鲁达”。

《论语》中有“日月逝矣”，按字面，可对“时迁”。

《孟子》中有“援之以手者”，上一句为“嫂溺”，按情理，可对“顾大嫂”。

诗句贯四书令

一句诗，贯通一句四书中的文字。如：

杜甫《丹青引赠曹将军霸》中的“英姿飒爽来酣战”可对应《孟子》中的“兵刃既接”。

王驾《社日村居》中的“家家扶得醉人归”可对应《论语》中的“乡人饮酒”。

李白《将进酒》中的“奔流到海不复回”可对应《论语》中的“逝者如斯夫”。

集美人名令

分别将古代美人的名字写在阄上，座中人依次拈阄，拈得哪个美人名，就集两句唐诗，要求将美人的名字分别嵌在两句诗中，集句诗意要连贯。出令巧妙众人同贺一杯，不佳的罚酒一杯，做不出来的加倍罚酒。如：

“玉箫”：集“丁当玉佩三更雨”（唐高蟾《偶作二首》）、“嬴女银箫空自怜”（唐王翰《赋得明星玉女坛送廉察尉华阴》）两句可得。

“绿珠”：集“为我尊前横绿绮”（唐韦庄《赠峨嵋山弹琴李处士》）、“偶然楼上卷珠帘”（唐司空图《杨柳枝寿杯词十八首》）两句可得。

“轻凤”：集“十幅轻绡围夜玉”（唐韦楚老《江上蚊子》）：“凤凰双宿碧芙蓉”（唐苏郁《步虚词》）两句可得。

数目诗

在座的各说一句诗，要求诗中含数字，以数字来饮酒，以数多为佳，只有一个数字的则要罚酒。如：

“花面鸦头十三四”（唐刘禹锡《赠寄小樊》），“南朝四百八十寺”（唐杜牧《江南春》），“一二三四五六七”（唐罗隐《京中正月七日立春》）。

玉人诗

此令要求说诗一句，同时包含“玉”“人”二字，座中人依次轮说。如：

“玉楼人醉杏花天”（出处不详）、“玉人何处教吹箫”（唐杜牧《寄扬州韩绰判官》）、“小玉惊人踏破裙”（唐窦梁宾《喜卢郎及第》）等。

《饮中八仙歌》令

该酒令是将杜甫的《饮中八仙歌》按座次顺序诵读，一人一字，凡是遇到与饮酒有关的字眼，就要喝酒。如轮到字中有“口”的，则饮一杯。遇到“酒”字则饮一大杯。遇到偏旁为“水”“酉”的，及“觞”“饮”“斗”等字喝半杯。如遇到字中笔画有“钩”“剔”的，诵诗的顺序也要随之转向，如“钩”则左转，“剔”则右转，该转不转，要罚酒一杯。

诗切官名

此令选诗一句，要求切合一个官名。如：

唐张籍《喜王起侍郎放牒》中的“百千万里尽传名”可切合“同知”。

清席佩兰《寿简斋先生》中的“红袖添香夜（伴）读书”可切合“侍郎”。

唐方干《德政上睦州胡中丞》中的“群书已熟无人似”可切合“博士”。

车马诗

此令要求诵古诗一句，内有“车”“马”二字。如：

“漫劳车马驻江干”（唐杜甫《宾至》），“门前冷落车马稀”（唐白居易《琵琶行》），“云为车兮风为马”（西晋傅玄《吴楚歌》）。

乐器诗

此令要求诵一句古诗，内含乐器名，有的是直说，有的是借代，要由令官裁定是否过关。如：

明说乐器的如：“锦瑟无端五十弦”（唐李商隐《无题》），“欲饮琵琶马上催”（唐王翰《凉州词》），“可怜锦瑟筝琵琶”（唐崔颢《渭城少年行》）。

暗指乐器的如：“二十五弦弹夜月”（唐钱起《归雁》），“斜抱云和深见月”（唐王昌龄《西宫春怨》），“为我尊前横绿绮”（唐韦庄《赠峨眉山弹琴李处士》）。

寿字诗

此令要求诵古诗一句，内含“寿”字，但是这个“寿”字不能与其本义“久”相关（即不能解释为长寿、寿命之类），说错的就罚酒。如：

“薛王沉醉寿王醒”（唐李商隐《龙池》），“行人独上寿阳楼”（宋张耒《题寿阳楼二首》），“堕云孙寿有余香”（唐温庭筠《瑟瑟钗》）。

诗句聚讼

此令先举两句意思对立的诗，互相矛盾，再举一句诗作评判，调和前两句的矛盾，有理有趣。如：

“黄梅时节家家雨”（宋赵师秀《约客》），“梅子黄时日日晴”（宋曾几《三衢道中》），只是“熟梅天气半晴阴”（宋戴敏《初夏游张园》）。（一句“雨”，一句“晴”，判句“半晴阴”）

“杜鹃枝上月三更”（唐崔涂《旅怀》），“子规啼彻四更时”（宋谢枋得《蚕妇吟》），只是“子规夜半犹啼血”（宋王令《春晚》）。（一句“三更”，一句“四更”，判句“半夜”）

“故遣寒梅第一开”（宋苏轼《再和杨公济梅花》），“无数梅花落野桥”（元王冕《梅花》），只是“林寒疏蕊半开落”（宋刘子翚《梅花》）。（一句“开”，一句“落”，判句“半开落”）

诗句干例禁

举一句诗，内容可曲解为冲犯例禁。如：

宋苏轼《春夜》中的“春宵一刻值千金”，可曲解为“高抬市价”。唐张继《枫桥夜泊》中的“夜半钟声到客船”可曲解为“私渡关津”。宋苏轼《次韵钱穆父紫薇花二首》中的“紫薇花对紫薇郎”，将“紫薇花”“紫薇郎”曲解为女子、男子的姓名，则涉嫌“同姓为婚”。这些都是冲犯禁例的。

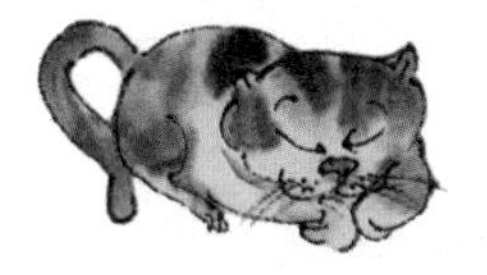

诗分真假

此令说一句诗，诗中提及一事或一物，要求说真，则此事物为实有；要求说假，则虽提及，却不能实有。如：

“门泊东吴万里船”（唐杜甫《绝句》）中的船是真船；而“花开十丈藕如船”（宋白玉蟾《题余府浮香亭》）中的船则并不存在，只是用来夸大藕长的喻体而已，是假船。其他如“葡萄美酒夜光杯”（唐王翰《凉州词》）中的酒是真酒，“寒夜客来茶当酒”（宋杜耒《寒夜》）中则不是真酒。“经雨不随山鸟散”（唐罗隐《梅花》）中的雨是实雨，而“休将云雨下山来”（金段克己《梅花十咏》）中的“云雨”则不是实指，多是比喻男女之情。

改字诗令

此令将古诗中读错一字，另引一句诗，解释为何读错。如：

将“少小离家老大回”（唐贺知章《回乡偶书》）读成“少小离家老二回”，原因是“老大嫁作商人妇”（唐白居易《琵琶行》）。

将“桃花依旧笑春风”（唐崔护《题都城南庄》）读成“菜花依旧笑春风”，原因是“桃花净尽菜花开”（唐刘禹锡《再游玄都观》）。

将“旧时王谢堂前燕”（唐刘禹锡《乌衣巷》）读成“旧时王谢堂前花”，原因是“红燕自归花自开”（唐殷尧藩《馆娃宫》）。

加倍令

此令要求选诗一句，将诗句中的数目增加一倍，还要通义理有情致，不合要求的罚酒。如：

将唐李白《与史郎中钦听黄鹤楼上吹笛》中的“江城五月落梅花”改成“江城十月落梅花”，将唐刘禹锡《伤秦姝行》中的“芳筵银烛一相见”改成“芳筵银烛两相见”，将唐曹唐《小游仙诗》中的“花下偶然吹一曲”改成“花下偶然吹两曲”，虽数字加倍，但情理上都说得通。

诗句贯曲牌名

此令要求每人说一句古诗，然后承接一曲牌名，须语意连贯。如：

宋赵师秀《约客》中的“有约不来过夜半”可承接曲牌【误佳期】；宋刘克庄《莺梭》“多少工夫织得成”可承接曲牌【十段锦】；宋戴复古《月夜舟中》中的“梦魂摇曳橹声中”，可承接【夜行船】。

同色离合字令

取颜色相近的两种事物，再将一个字拆分成两个相同的字，分别与两种事物相关联。如：

茶和酒颜色相同，将“吕”字拆分可得两个“口”，小口饮茶，大口饮酒。

梅和雪颜色相同，将“朋”字拆分可得两个“月”，赏梅邀月，赏雪邀月。

妻和妾姿色相同，将“多”字拆分可得两个“夕”，一夕陪妻，一夕陪妾。

古文贯串令

此令是说一句古文，一句唐诗，接一个骨牌名、一个曲牌名，最后以一句黄历中的话收尾，要求连贯。酒底说一种花名，要与某种鸟或虫同名，最后以一句首诗来照应。如：

“我张吾三军”（《左传·季梁谏追楚师》），“电闪旌旗日月高”（明朱厚熜诗《送毛伯温》），好一个“将军挂印”（骨牌名），回去“朝天子”（曲牌名），“宜上表章”（时宪书）。（酒底）杜鹃花（花名），“声声啼血向花枝”（唐罗邺诗《闻子规》）。

“扬眉吐气”（唐李白《与韩荆州书》），“华堂今日绮筵开”（唐杜牧诗《兵部尚书席上作》），摆列了“锦屏风”（骨牌名），与那“好姐姐”（曲牌名），“宜结婚姻”（时宪书）。（酒底）蝴蝶花（花名），“等闲飞上别枝花”（唐李商隐诗《青陵台》）。

“夏之兴也”（《国语·展禽论祀爰居》），“五时花向帐前施”（宋傅墨卿句），扮出个“钟馗抹额”（骨牌名），划了“混江龙船”（曲牌名），“宜用午时”（时宪书）。（酒底）双鸾菊（花名），“相思树上合欢枝”（唐李商隐诗《相思》）。

词牌合字令

此令说三个词牌名，三个词牌首字相合，能够合成一个新字。如：

“木兰花”“卜算子”“早梅芳”，三个首字“木”“卜”“早”可合成“棹”字；“月下笛”“西地锦”“女冠子”，三个首字“月”“西”“女”可合成“腰”字；“金缕曲”，“小秦王”“月中行”，三个首字“金”“小”“月”可合成“销”（銷）字。

骨牌名贯诗

此令要求先说一句骨牌名，再举一句古诗，前后语意贯通。如：

临老入花丛（骨牌名），将谓偷闲学少年（宋程颢《春日偶成》）。

紫燕穿帘（骨牌名），飞入寻常百姓家（唐刘禹锡《乌衣巷》）。

观灯十五（骨牌名），六鳌海上驾山来（王珪《上元应制诗》）。

花非花令

此令要求说一物，有“花”字，但不是真花。如“灯花”“雪花”“浪花”。

花木脱胎令

此令要求依次说一种花名，不能有草字头、木字旁的字，也不能出现“花”字。不合要求的罚酒。可举夜来香、映山红、翦秋罗等。

斗草令

此令是席上之人先选好花草的门类，根据花草名称可分为“天文”“时令”“颜色”“数目”“珍宝”等若干。出令时，必须以花草为经，均出两字对，全席属对。如轮到“天文”类出令，出“月桂”，则同样对“天文”类花草如“风兰”或“天花”等。轮到“时令”类，出“麦秋”，可对“华夏”之类。再轮到“颜色”类，出“青萍”，可以对“绛树”之类含有颜色字眼的花草名。根据是否合乎平仄、是否押韵、是否新颖来评定优劣。也有其他以花草名来行酒令的，搜索枯肠，但都不及以上提及的生动。

还有一种“隔座对”的形式，循环互对。假如选了“天文”类的人隔一座为“地理”类，又隔一座为“珍宝”类，则可以同时给二座出对。如天文类给地理类出“天山”，给珍宝类出“天球”。对出后，地理类和珍宝类可以再出令给天文类还对。如地理类出“海月”，珍宝类出“珠露”，天文类来对。同时，地理类还可以给珍宝类出题，如出“水玉”，珍宝类对上后，可再对地理类出题，如“金谷”，地理类再来还对。像这样，分门别类，互相出对，各自都说出自己所知道的，也是一种行令方法。

每次行令，以燃尽二寸纸煤为限，对得慢的罚酒，对不上的罚双倍。

双骰像形令

此令要求用两个骰子分先后摇点数，根据点数所代表的字，说一两句诗词或曲赋。其中一点为“月”字，两点为“星”字，三点为“雁”字，四点为“人”字，五点为“梅”，六点为“天”字。如果两个骰子分别摇出一点和两点，即一个“月”字、一个“星”字，要说一两句带“月”和“星”字的诗词（如梅尧臣诗“月落见星繁”），诗意要贯通。说得好的全席之人贺饮一杯，说得不好的罚一杯，说不出的罚两杯。如果先摇出的点数为“一”（月），后摇出的为“二”（星），就不能先说“星”，后说“月”，说错要罚酒一杯。如：

摇出“幺”（月）、“四”（人），可说“今夜月明人尽望”（唐王建《十五夜望月寄杜郎中》）。

如摇出“三”（雁）、“四”（人），可说“雁横南浦，人倚西楼”（宋张耒《风流子》）。

如摇出“四”（人）、“六”（天），可说“隔花人远天涯近”（元王实甫《西厢记》第一折“寺警”）。

围中字接四书

先说一个字，必须是以大口框为部首的，再用框内的字贯通四书中的两句话。如：

国（國）字中有或，“或生而知之，或学而知之”（《中庸》）。

田字中有十，“十目所视，十手所指”（《大学》）。

固字中有古，“古之人，古之人”（《孟子·尽心下》）。

推字换形

此令选以大口框为部首的字，将大口框内字拆出，与口组合成一新字。如：

木在口内为“困”字，将木推到口上面，则成“杏”字。

十在口内为“田”字，将十推到口右侧，则成“叶”字。

禾在口内为“囷”字，将禾推到口左侧，则成“和”字。

字体象形兼筋斗令

此令要求先说一个字，接着说此字像什么物件，然后将它上下翻转，像翻个筋斗，成一个新字。如：

“甘”字像个刨子，一翻筋斗，成了“丹”字。

“苗”字像个猫脸，一翻筋斗，成了“畀”字。

“下”字像李仙的拐杖，一翻筋斗，成了“上”字。

字体抽梁换柱令

此令要求说一字，将该字中的一笔取出，再变形换位，放在该字的某个位置，生成一新字，用一句话表述。如：

“军”（軍）字取出中间竖柱，搓作一团，放在顶上，变成“宣”字。

“犬”字取出中间横梁，搓成一团，放在左边，变成“火”字。

“有”字取出上面横梁，折叠短了，放在下面，变成“自”字。

离合同音

（此令可能是前朝明人的酒令，因忘了出处，姑且录在此处。）

此令的规则是取两个同音字，意义不同，但将前一个字离合，生成新字，新字与后一个同音字意义相关。如：

一个姓卜的人出令说："两个火合成一个'炎'字，不是盐酱的'盐'，既然不是盐酱的'盐'，为什么添水便淡？（氵+炎=淡）。"一个人接令说："两个日合成一个'昌'字，不是娼女的'娼'，既然不是娼女的'娼'，为什么开口便唱？（口+昌=唱）。"一个人还令说："两个土合成一个'圭'字，不是龟鳖的'龟'，既然不是龟鳖的'龟'，为什么来卜成卦？（圭+卜=卦）。"（令官姓卜，以此调侃令官）

姓名相戏令

（此令可能是明人的酒令，应该归入卷一古令里，但因为记不得出处，姑且放在这里）

有一个名叫张更生的人，与李千里一同喝酒，互相调侃。李千里说了一个酒令："古有刘更生，今有张更生，手中一本《金刚经》，不知是胎生，是卵生，是湿生、化生？"张更生对曰："古有赵千里，今有李千里，手中一本《刑法志》，不知是（流放）二千里，是二千五百里，是三千里？"

女儿令

“女儿令”有多种行法。一种是随意列举女子的性情、言动、举止、差事等，后面加一句七言诗句，用前人已有的诗句则更好，要和首句尾字押韵。如“女儿愁，悔教夫婿觅封侯（唐王昌龄《闺怨》）”这一类的，“女儿悲，横卧乌龙作妒媒（唐韩偓《妒媒》）”，“女儿欢，花须终发月须圆（唐温庭筠《和王秀才伤歌姬》）”，“女儿离，化作鸳鸯一只飞（唐刘禹锡《有所嗟》）”。

一种是列举女子言行举止后，不限定接七言诗，而是接经史子集、古文、骚、诗赋、词曲等，座中人依次来说。如“女儿夸，颜如舜华（《诗经·郑风·有女同车》）”“女儿权，政不出房户，天下晏然（《史记·吕太后本纪》）”“女儿色，知其白（《道德经》第二十八章）”。后分别接的是《诗经》《史记》《道德经》。

还有一种行令的方法，曾与同僚朋友尝试过。

第一轮，后接两个字的美人名。如“女儿歌，韩娥”，“女儿听，莺莺”，“女儿文，左芬”等，按座位顺序轮说一遍。

第二轮，后接三个字的曲牌名。如“女儿腰，【步步娇】”“女儿悲，【懒画眉】”“女儿归，【鲍老催】”等。

第三轮，后接四个字的戏名。如“女儿灾，花报瑶台（《南柯记》）”“女儿冤，卖子投渊（《双珠记》）”“女儿供，佳期拷红（《西厢记》）”等。

第四轮，后接五言古诗一句。如“女儿布，故人工织素（汉乐府《上山采蘼芜》）”“女儿裳，文采（彩）双鸳鸯（《古诗十九首》第十八首）”“女儿香，随风远飘扬（魏曹操《却东西门行》）”等。

第五轮，后接六字词牌名。如“女儿叹，潇湘逢故人慢”“女儿习，霓裳中序第一”“女儿娇，鬓云松，系裙腰”等。

第六轮，后接七言唐诗一句。如“女儿妆，满身兰麝扑人香（唐顾敻《荷叶杯》）”“女儿家，绿杨深巷马头斜（唐杜牧《闲题》）”“女儿媚，桃叶桃根双姐妹（唐李商隐《燕台诗四首》）”等。

第七轮，后接八字词一句。如“女儿乐，花匣么弦，象奁双陆（宋赵闻礼《法曲献仙音》）”“女儿娇，鬟丝湿雾，扇锦翻桃（宋张炎《声声慢·和韩竹闲韵赠歌者关关在两水居》）”“女儿寄，罗绶分香，翠绡封泪（宋陈亮《水龙吟·春恨》）等。

第八轮，后接九字曲词一句。如“女儿怨，选名门，一例里神仙眷（《牡丹亭·惊梦》）”“女儿闷，登临又不快，闲行又困（《西厢记·寺警》）”“女儿诗，原来是（他）走（染）霜毫，不构思（《西厢记》第三本第一折）”等。

行这种女儿令，每加一字，全席都要遍行一圈，能够消磨较长时间。这是女儿令的一种变体。

通令

遇缺即升令

取六个大小不同的杯子，依次放置于空盘上。用一个骰子挨个掷点数，如果点数对应的杯号为空杯，则将空杯斟满。如掷得一点，就将一号杯子斟满酒。第二个人如掷得三点，就将三号的杯子斟满。若接下来的人掷了两点，则不仅要把二号杯子斟满，还要把三号杯中的酒饮掉，这叫“遇缺即升”。再掷，如果掷五点，五号杯为空杯，就将五号杯斟满。再掷，如果又掷得三点，则三号已是空杯，将三号杯斟满后，饮五号杯酒。因为中间隔了四号杯，所以叫“越级飞升”。再掷，如果掷得六点，将六号杯斟满，再去饮一号杯中的酒，这叫“得一品诰封”，下轮可以免掷一次。如果一、二号杯都有酒，掷得一、二点都不饮，因为没有空杯，这叫“无缺不饮”。其他的可依此类推。如果一号杯有酒，五、六号杯都是空的，则掷得五点，就斟满五号杯，饮一号杯中酒，这叫“加级请封”，下轮也可免掷一次。直到座中人都得到“一品诰封”（都喝到一号杯中酒）就收令。

状元游街令

取五个小杯、一个大杯，空着放在盘中，将大杯排在第四，为状元杯，其余依次排好。用一个骰子依次来投掷。掷得一点就将一号杯斟满，下家如果再掷到一点，就饮掉一号杯中的酒。喝完后须再掷一次，如果这次掷得四点，就将四号杯斟满。下家再掷得四点，就可以饮掉四号大杯，饮酒的人被称为“状元”。如果状元喝完后，盘中杯都没有酒了，就是打通关，叫“状元游街”，即可收令。如果第四杯（状元杯）喝完，一、二号杯还有酒，状元就要再掷，掷得一点，就饮一号杯，再掷得二，就饮二号杯，把杯中酒都喝掉，就游街收令。如果状元掷得空杯，无须再斟，交给下家接着掷，一定要将一、二号杯饮尽，都是空杯后，再来请状元游街，收令。

一色令

此令用一个骰子依次投掷。如果掷得一点，则上家饮酒；掷得两点，则下家饮酒；掷得三点，则与下家顺数第三个人猜三拳，输的喝酒；掷得四点，自己饮一杯；掷得五点，则与下家顺数第五个人对饮；掷得六点，则与下家顺数第六个人猜六拳，输的喝酒。全席人轮掷一遍或两遍就可以收令。

探花令

令官为探花使。其规则是用一个骰子摇点，将点数遍示众人，下家接着摇，如果点数相同，则为他人得花，探花使就要被罚酒一杯；如果点数不同，自罚一杯后，将骰子再传给下家接着摇。

猜点令

令官用两个骰子摇点，席上的人都来猜点数，如果猜错，就罚酒一杯；如果猜对，令官就要被罚酒一大杯。

卖酒令

令官取一个大杯，斟满酒，做卖酒人。席上人依次以两个骰子摇点数，如果骰子有一点的，就要向令官买酒（即令官用巨杯中酒斟满该人的酒杯）。如果没有摇到一点的，就不必向令官买酒。一席轮完，如果剩酒，不论多少，都由令官自己喝掉。

赶羊令

用三个骰子来摇点，令官和席上的人比点数，谁掷出的点数低，谁就要被罚酒。

连中三元

此令以“么”（一点）为元，用三个骰子连摇三次，如果每次都有么点，则为三元，准备参加考试的人饮。如果摇一次或两次就摇到三个么点，则不用再摇。如果摇了三次，都没有摇出么点，或不满三个，则摇者自罚一杯，由下家接着摇。

长命富贵令

此令设六点为长命，五点为富，四点为贵。如果同时掷出四、五、六点，则长命、富、贵齐全，全席人同饮一杯。如果缺其中一个，少六，则说要添寿；少四，则说要添贵；少五，则说要添富，再将掷得点数中的一五、二四、二三等合成所缺之数，让下家饮酒。如果是有重合的四、五、六点数，则让上家饮酒。如果合不成所缺的点数，则摇者自罚一杯。

一路功名到白头

用六只骰子轮流掷点数。如果第一次掷得“么”，就要将一个“么”取出。没有掷得“么”则自罚一杯，多于一个“么”也要自罚一杯。下家用五个骰子继续掷，“二”，再下家接着掷“三”。直到剩一个骰子掷“六”，掷出就是“一路（六）功名到白头”。每个点数如果没有掷得或掷多，都要罚酒。掷完“六”就可以收令。

摆擂台令

令官先饮巨杯高坐，有人来猜拳，也要先喝一大杯。如果猜拳输了，挑战者就出局，也允许出局后重饮一大杯再来挑战。如果守擂的令官输了，就要让位，由胜出者继任令官，再等他人来攻擂。如果挑战者纷纷败阵，没有敢再来挑战的，就可以收擂、收令了。

五行生克令

此令以五指分别代表五行。大拇指为金，食指为木，中指为水，无名指为火，小指为土。胜负规则为：金克木，木克土，土克水，水克火，火克金。

五毒令

此令以五指分别代表五毒。大拇指为蛤蟆，食指为蛇，中指为蜈蚣，无名指为壁虎，小指为蜘蛛。胜负规则为：蜘蛛吃壁虎，壁虎吃蜈蚣，蜈蚣吃蛇，蛇吃蛤蟆，蛤蟆吃蜘蛛。

一字清不倒旗拳

此令猜拳时，单喊数字，从一到十，不喊“一品”“十全”之类（不同地区猜拳会有口令，猜“一”时，会喊“一条龙”“一夫当官”，猜“二”时，会喊“哥俩好”“二人妙”等）。只喊单个数字，叫“一字清”。行令时，两人都必须将肘拄在桌上，直竖小臂，不准倾斜，叫“不倒旗”。错的罚酒。

抢三筹令

取一大杯，斟满酒，上面横三支酒筹。（划拳时）甲若胜一拳，就从杯上取一根酒筹。如果乙胜一拳，就将甲方才取下的那根酒筹夺回。直到三根酒筹全归一人所有，才算得胜。

三拳两胜令

取一大杯，斟满酒。猜拳，三局两胜，输两局的罚酒。

抬轿令

三个人划拳，不能出声，同时出手，如果两个人所出的数字相同，就称之为“抬轿”，出手不同的第三人就罚酒。

过桥拳

此令须取一组大小套杯，以最大的杯为桥顶，两边依次由大到小排列（类如拱桥形）。依次斟满酒，彼此猜拳。输的从最小杯开始喝起，由小到大，喝到桥顶，再降序喝到最后一小杯。

开当铺令

取一个大酒海，注满酒。令官为当铺主，凡是来挑战的无论酒杯大小，都要从酒海中取酒。当者（挑战者）和当铺主（令官）猜拳，如果当者输了，就自饮杯中酒。当者赢了，则要把方才从酒海取出的酒倒回酒海，再以这个空杯另斟酒来罚当铺主（杯大则酒多）。也可以直接来当整个酒海中的酒，当铺主可以找人合股（若输了可以请合股人分担）。如果当铺主喝醉了，不能再往酒海中添酒了，这叫“停当”。如果无人再来挑战，叫“收铺”。这种大声猜拳、大碗喝酒，虽然豪放但粗俗，类似于拼酒灌饮，不算好酒令。

猜子令

手中握一个小物件（棋子之类），伸出左右手给人猜有无，类似于古代的藏钩。现今有“五子三猜两手不空令”，是用三枚瓜子、两枚花生，混合后，分别握于左右手中，随意出一拳，让对方猜。先猜单双，猜对的话，再猜枚数，最后猜红白。

例如，手中握的是三枚瓜子，第一轮，猜单双，对方如猜双，则为错，要罚酒一杯。再猜枚数，单数不是一就是三，对方如猜对了是三，则出拳人罚酒。再猜红白，如果枚数是三，可以猜三红（三枚瓜子），猜成两红一白（两枚瓜子、一枚花生）则为错，再罚酒一杯。连猜三轮即可收令。

（《续孽海花》第四十五回就是行的此令。“超如就向敦古说道：‘猜拳不否照老法?’敦古道：‘自然照普通的法子，先猜双单，次猜颗数，又次猜黑白，两手不脱空。’超如道：‘很好!’就取了两颗杏仁、三颗瓜子为二白三黑，就在袖中取了几颗，握在手中，伸出拳来道：‘请猜!’敦古想了一想，说道：‘你在京双宿双飞，不比我们，一定是双数。’超如微笑道：‘你输了!’敦古道：‘现在你手中不是三，定是一。’超如道：‘不错!’敦古道：‘我仍旧向多的方面猜是三。’超如笑道：‘你又输了。’敦古道：‘岂有此理，只有一个，不是杏仁，定是瓜子。我想今日席上的人，中了都有状元希望的。一色杏花红十里，状元归去马如飞。大约是杏仁吧？’超如道：‘猜着了，你想今天座中都有状元希望，但是状元那有几个的，自然只好一个。你倘先想到杏仁的意思，就全军大捷了。’”）

也可以席上人随意抓握几个，只猜单双，全席互猜，再合计猜对多少，输的罚酒。这也是一个方法。

猜花令

先将座中客根据酒量均分成两曹（两组），取十只酒杯倒扣在盘中，上曹将一枝花藏于其中一个酒杯下，让下曹揭猜。如猜错，揭开是空杯，则将此杯斟满酒，由下曹分饮。如猜对，揭开见到花，则剩下的空杯都斟满，由上曹分饮。有第一次就猜中的，也有猜了九次都没猜对的，这种叫“全盘不出”，下一轮仍由上曹藏花，下曹继续揭猜。如果不是全盘不出，则下一轮换下曹藏花，上曹揭猜。

揭彩令（即贴翠令）

令官将六到三十六之间的一个数字密书于纸上，扣藏在空杯之内。然后令官说“六”，随意送给席间某一人，该人可以在“六”上随意加一个数字，再送给另一人。以此类推。若送还给令官，令官只能加“一”，再送出去。如果累加的数正好与杯中数字一致，就叫作“得彩”（也叫“得脆”或“得翠”），猜中者饮一大杯。如果所加的数字超过杯底数字，超过几，就由送者和接者划几拳，输的罚酒。

武揭彩令

此令与“揭彩令”相似，写六到三十六之间的某一数字藏于杯下，再轮流来猜。第一处不同是，从令官开始，依座次顺数，而不是随意指定某人，且每次只能加“一”或加“半”传递，不能多加。如果传回到令官，令官只能加半数。第二处不同是，遇到五和十的倍数，要饮酒一杯，称之为“上衙门”。遇到三六九等数，要找人猜拳，称之为“开操”。如累加的数与杯中数一致，则为“得彩”，这一点与揭彩令相同。

渔翁下网令

此令类似猜枚。座中人手中随意握一至四枚小物件充当鱼，一枚为鲥鱼，两枚为鲭鱼，三枚为鲤鱼，四枚为鳜鱼。猜枚者为渔翁，先饮一杯后，撒网，说捕某鱼。如捕鲭鱼，则手中握两枚的座客先退出。剩下的再一一去钓（猜）。如所钓下家为鲤鱼，下家手中果然是三枚，则下家罚酒一杯后退出。如果猜错，则渔翁罚一杯。再钓鲥鱼，如果某人手中果然是一枚，则某人罚酒一杯后退出。如果又猜错，渔翁就要连饮两杯，再收网重钓。接下来沿用此法，直到钓完后收令。倘若第一次撒网，就一网打尽（全座中人手中皆是某数），则罚渔翁一杯。若撒网后，挨个钓遍，全对的话，每个座客罚酒一杯，渔翁也饮一杯，再开始下轮。

羯鼓催花令（即击鼓传花令）

令官折一枝花拿在手中，让一人在屏风后击鼓，鼓声长短、快慢都听其自便。鼓声响，令官便用左手折花，从自己脑后传到右手，再转递到下家左手，下家也这样继续传下去。鼓声突然停下，花传在谁的手中，谁就要罚酒一杯。罚毕，再让屏后人继续击鼓。一般座中有几人，就饮几巡。传递的顺序一般是右旋（以右手为下家），也可以传到中间，再改为左旋。还有一种玩法，即不专门指定敲鼓人，而是花落谁家，谁喝完罚酒就去敲鼓，等下一个人被罚，再去换回上一个敲鼓人。

红旗报捷令

行令时，点燃一只香棍，依次传递，每人左手接香，右手传出。传递之时，上家还要对下家说一句话，与传花令相似。稍有不同是，此令要传得更快，不从脑后传递，也不许倒传。火在谁手上熄灭，谁就罚酒。饮毕，再由罚酒者开始，重燃香棍，继续行令。

独行令

令官表演一种绝活，如能用舌头舔到自己的鼻子之类，请座中客照做，做不了的罚酒。如果令官能做，座中客也能的话，令官就要被罚酒。（如第一卷“古令”中“倒饮”条，孔元方能“头在下，足向上，以一手持杯倒饮，人莫能为也”，就是独行令。）

回环令

此令类似绕口令，正序、反序连说三次：“甲乙丙丁戊己庚辛壬癸，癸壬辛庚己戊丁丙乙甲。”说错的罚酒。

说笑话

说一个应景的笑话，讲笑话的要让座中人都笑，如果有人不笑，讲笑话的就要罚酒。（《红楼梦》第七十五回贾府过中秋，行了击鼓传花令，花落谁手，就要罚一杯酒，讲一个笑话。贾政讲了一个怕老婆的笑话，贾赦讲了一个母亲偏心的笑话。）

泥塑令

令官宣布“泥塑”，则全席人都不能说话，不能动，就如土偶一样。以二寸纸煤为限度，燃尽之前，凡是笑的、说话的、动的都要罚酒。如果没有犯规的，令官就要自罚一杯。令官负责监督，不在泥塑之列。（类似今日的“一二三、木偶人”）

数节气令

从令官开始，座中人按照顺序说节气，从立春、雨水数起，到大寒结束。允许一人连说两个节气，说错的罚酒，罚毕，再从头重数。

数干支令

座中人依次从“甲子”、“乙丑”说起，说到“癸亥”为止。遇到本年的天干，在桌上拍一下；遇到本年的地支，在桌下拍一下。遇到本年的干支，则桌上桌下同时拍，并饮酒一杯。

拍七令

从一开始数，到四十九结束，按照座位次序挨个顺数，遇到七、十七、二十七、三十七、四十七等“明七”则不开口，以拍桌面一下代替，遇到十四、二十一、二十八、三十五、四十二、四十九等“暗七”（七的倍数）则不开口，拍桌下一次代替。说错、拍错的罚酒。这是以前的拍七令。

近来看到有行此令的，规矩为：明七拍桌，暗七笑，逢五逢十打一炮（喊“轰”一声）。也有明七用左手拍桌，然后左座接着往下数，暗七用右手拍桌，右座接着往下数。说错、拍错的罚酒。这就有更多花样了。

钟声令

座中人按座次学钟声，数到一百零八为止。一人一声，遇到明九（九、十九……九十九）则不再出声，以拍桌面代替，遇到暗九（九的倍数，即十八、二十七……一八零八）则以拍桌下代替。错的罚酒。

过年

行令前，先约定好说大年还是小年，然后从初一开始说起，每人加一天或两天。如果是说大年，则数到第三十日的人胜出，如果是小年，则数到第二十九日的人胜出。

一去二三里令

令官说“一”，下家说“去”，再下家说“二”，再接下去还说“二”，接着到“三”，三个人都说“三”（即说到数字几，就重复几遍），再接着说“里”。依次说到“十枝花”为止。“十”则字要十个人依次说一遍，说错的罚酒，重说。

云淡风轻令

以程颢《春日偶成》诗句为令，依次增说一字。如令官说“云”字，下家则说“淡风”，再下家则说“轻近午”，接着依次说“天傍花随”，“柳过前川时”，“人不识余心乐”，“将谓偷闲学少年”，最后又接续上“云”字。说慢的、说错的都要罚酒。

飞禽择木令

座中人各自认一种树，或桃树、李树、梅树、杏树之类。令官说：“一个鸟儿飞到李树上去了。”自认是李树的要赶紧接令说：“飞往杏树上去了。”（自认杏树的再接令）可以随意指定飞到哪棵树上。接令迟的罚酒。

哑乐令（又名无声乐）

此令又称无声令。座中人每人自认一种乐器，双手假作弹奏的姿势。令官开始打鼓，每个人先将准备好的鼓绳挂在脖子上，两手作击鼓的姿势。然后令官突然将鼓绳摘下，随意假装演奏某一种乐器，其他人都要效仿，只有认领该乐器的人，仍要着挂鼓绳，作击鼓状。然后由此人再突然除下鼓绳，变换另一种乐器姿势，传令下去。这一过程中，该接令而不接的，该除掉鼓绳或该挂上鼓绳而忘除、忘挂的，都要罚酒。

五官搬家令（又名错里错）

此令要求答非所问。假如令官问某人："眼睛在哪里？"此人要马上用手指其他五官说："鼻子在这里。"指口、耳、眉都可以，但不能指令官问的眼睛和自身回答的鼻子，如果指了眼或鼻就要罚酒。令官连问三次，答者反问三次，再轮到下家。

规矩令

左手画圆，右手画方，两手同时画。左手下家监视左手，右手下家监视右手，发现画错就立刻举报罚酒。画的符合要求则可坐下。

摇船令

令官举一杯酒，开口行令："一个船儿慢慢摇，一摇两摇（拿杯作摇船姿势）摇到三江四海五湖口（说到"口"字，众人要把酒杯放在口边，杯不到口边的，罚酒），一口吸尽西江水（众人举杯一口饮尽，分两口干杯的，罚酒）。杯悬无滴沥（将酒杯倒悬，如杯中有残酒滴落，罚酒），花落不闻声（将酒杯扣放在桌上，发出声音的，罚酒），姑苏城外寒山寺，夜半钟声到客船。如果说你不信，请听橹声（用手指摩擦酒杯发出声音，没声音的，罚酒）。"说完，下家照此继续行令。

筹令

唐诗酒筹

（译文略）

红楼人镜

曾见到一本刊行的《红楼人镜》酒令，评注中称是谭铁箫的原本，由周文泉参与修订。酒令选取《红楼梦》中男女人物共一百人，下接《西厢记》中的一句曲词作人物品评，再备注饮酒规则。因为红楼人物品评是由《西厢记》摘句而得，妥帖恰切，可见构思的巧妙。还有一个版本，另注有地名，如“潇湘馆”之类，但没有注明如何行酒令，因此不算是酒令。

这一本酒令共六十四枝酒筹，酒令与《红楼梦》中人物、情节颇多关联，比谭本更好一些。现在照着抄录下来，仍将谭本附于后，其中偶有增订修补之处，希望能够不悖原意就好。

（酒令译文略）

水浒酒筹

此令以《水浒传》故事为酒筹，规则是每人抽取一枚，按筹令要求饮酒。

“李逵大闹浔阳江”，抽到此筹的人是李逵，上首两人分别为宋江、戴宗，坐末座的为张顺。李逵饮一大杯，宋江、戴宗陪饮一小杯。李逵与张顺猜十拳，张顺输了，张顺饮酒，李逵输了，李逵喝开水。

“武松醉闹快活林”，得此筹者为武松，对面为蒋门神。武松先喝三杯酒，再与蒋门神猜拳，要连胜三拳才算过关。再与全席人分别喝一杯酒。

“鲁智深醉打山门”，得此筹者为鲁智深，上首两人为金刚。鲁智深先喝一大杯，再与两个金刚各猜三次拳。

“金翠莲酒楼卖唱”，得此筹者为金翠莲，上首三人分别是鲁达、李忠和史进。金翠莲或唱或弹奏一曲，再敬三人酒。

“一丈青擒王矮虎”，得此筹者为一丈青，挨着坐的为王矮虎，两人猜拳，猜赢后，二人手牵红巾（手帕）喝三杯交杯酒，全席人共贺一杯。

“景阳冈武松打虎”，得此筹者为武松，先喝三大杯酒。再与虎年出生的，或姓名中字有虎字头的猜拳，猜赢了为过关。

“请诸邻武松杀嫂”，得此筹者为武松，相邻的左右四座为四邻，席中没有胡须的人为嫂嫂。武松先与四邻各饮三杯，再与嫂嫂猜拳，猜赢为过关。

“梁山泊群雄聚义”，抽得此筹后，全席人各饮三大杯。

酒令丛钞

原文

◆ 雅趣小书 ◆

酒令丛钞提要

清金匮俞敦培[①]撰，凡四卷。宜古宜今，亦风亦雅，为欢场之媒介，作酒阵之前锋。宴会中得此法律以绳之，亦可免号呶[②]之习，而续史监[③]之风矣。至其采摭[④]繁富，门分类别，处处引人入胜，犹为余事[⑤]。谈酒令者，固莫详备于斯矣。

【注释】

① 俞敦培（1821-1861）：号芝田，金匮（今江苏无锡）人。曾任江西乐平县知县。工填词，有《艺云词》一卷。

② 呶（náo）：喧哗。

③ 史监：太史，隋时称太史监，此处指历史、古代。

④ 摭（zhí）：搜集、选取。

⑤ 余事：未投入主要精力的事。

古今

礼饮

《乐记》[1]：夫豢[2]豕为酒，非以为祸也，而狱讼益繁，则酒之流生祸也，是故先王因为酒礼。一献之礼，宾主百拜，终日饮酒而不得醉焉，此先王之所以备酒祸也。故酒食者，所以合欢也；礼者，所以缀淫也。

【注释】

① 《乐记》：《礼记》第十九篇篇名，西汉戴圣辑，古代儒家音乐理论的重要经典。

② 豢（huàn）：喂养。

牛饮

汉刘向[1]《新序》[2]：桀[3]为酒池，足以运舟。糟丘[4]足望七里。一鼓而牛饮者三千人。

【注释】

① 刘向（约前77—前6）：本名更生，字子政，沛（今江苏沛县）人。西汉经学家、目录学家、文学家。所撰《别录》是我国最早的目录学著作。

② 《新序》：西汉刘向编撰，采集舜、禹之时至汉初的史事和传说，分类编纂而成。今存十卷。

③ 桀：夏代最后一位君主，历史上有名的暴君。

④ 糟丘：酒糟堆积如山丘。

投壶赋诗

（古人投壶[①]，虽非酒令，而晋齐此宴，各有祝辞[②]，实令之先声也。）

昭公十二年：晋侯以齐侯宴，中行穆子[③]相，投壶。晋侯先，穆子曰："有酒如淮[④]，有肉如坻[⑤]。寡君中此，为诸侯师。"中之。齐侯举矢曰："有酒如渑[⑥]，有肉如陵。寡人中此，与君代兴。"亦中之。

【注释】

① 投壶：古时士大夫宴饮时的投掷游戏，源自先秦射礼，以箭投壶，多中者胜，负者饮酒。

② 祝辞：在礼仪性场合发表的表示愿望、祝福的言辞。

③ 中行穆子：即荀吴，春秋末期晋国名将。祖姓荀，后又姓中行，名吴，谥号穆子，故又称中行穆子。

④ 淮：淮水。

⑤ 坻（chí）：水中高地。

⑥ 渑（shéng）：渑水。

即席作歌[1]

《史记·高祖本纪》[2]：十二年十月，高祖[3]已击布[4]军会甀[5]。布走，令别将追之。高祖还归，过沛[6]，留。置酒沛宫[7]，悉召故人父老子弟纵酒。发沛中儿得百二十人，教之歌。酒酣，高祖击筑[8]，自为歌诗曰："大风起兮云飞扬，威加海内兮归故乡，安得猛士兮守四方。"

【注释】

① 即席作歌：酒席上即兴作歌。

② 《史记》：西汉司马迁撰，中国历史上第一部纪传体通史，为正史"二十四史"之首。共一百三十篇，分十二本纪、三十世家、七十列传、十表、八书。记载了上起上古传说中的黄帝时代，下迄汉武帝太初年间共三千多年史事。

③ 高祖：即汉高祖刘邦（前256-前195），字季，沛丰邑中阳里（今丰县中阳里）人，西汉开国皇帝。

④ 布：即英布（？—前196），因受秦律被黥，又称黥布。六县（今安徽六安）人，秦末汉初名将。前196年起兵反汉，因谋反罪被杀。

⑤ 甀（zhuì）：地名，在蕲县（今安徽宿州市）西。

⑥ 沛：地名，今江苏沛县。

⑦ 沛宫：地名，在今江苏沛县东南。

⑧ 筑：古代一种击弦乐器。

即席赋诗[1]

《南史》：宋孝武[2]尝欢饮，普令群臣赋诗。沈庆之[3]粗有口辩，手不知书。上逼令作诗，庆之曰："臣不知书，请口授师伯[4]。"上即令颜师伯执笔，庆之口授之。曰："微生遇多幸，得逢时运昌。朽老筋力尽，徒步还南冈。辞荣此圣世，何愧张子房[5]。"众坐并称其辞义之美。

【注释】

① 即席赋诗：酒宴上即兴作诗，有时限韵，不成辄罚酒。

② 宋孝武（430–464）：即宋孝武帝刘骏，字休龙，小字道民。宋文帝刘义隆第三子。中国南北朝时期宋朝的第五位皇帝。

③ 沈庆之（386–465）：字弘先，吴兴武康（今浙江德清西）人，南朝宋名将，官至太尉，谥号"忠武"。宋明帝时赠司空，改谥"襄"。

④ 师伯：即下文的颜师伯（419–465），字长渊，琅琊临沂人，南朝宋大臣。

⑤ 张子房（约前250–前186）：即张良，字子房。河南颍川城父（今河南宝丰）人，秦末汉初杰出的谋士、大臣，与韩信、萧何并称"汉初三杰"。封留侯，谥"文成侯"。

《梁书》[1]：武帝[2]招延后进二十余人，置酒赋诗。臧盾[3]以诗不成，罚酒一斗。饮尽，颜色不变，言笑自若。萧介[4]染翰而成，文无加点。帝两美之曰："臧盾之饮，萧介之文，即席之美也。"

【注释】

① 《梁书》：唐姚思廉撰，正史"二十四史"之一。共五十六卷。记载南朝萧齐末年至萧梁王朝（502-557）五十余年史事。

② 武帝（464-549）：即梁武帝萧衍，字淑达，南兰陵（今江苏常州西北）人。受南齐和帝禅让，建立南朝梁（502-549年在位）。博学多才，晚年笃好佛学，饿死于"侯景之乱"。

③ 臧盾（478-543）：字宣卿，东莞莒县（今山东莒县）人。南朝梁大臣，谥号"忠"。

④ 萧介（476-548）：字茂静，南兰陵（今江苏常州西北）人。南朝梁大臣，曾谏梁武帝勿纳侯景。

《旧唐书·李虞仲传》[①]：父端[②]，工诗，与韩翃、钱起、卢纶等驰名都下，号大历[③]十才子。时郭尚父[④]少子暧[⑤]尚代宗女昇平公主[⑥]，贤明有才思，尤喜诗人，而端等十人，多在暧之门下。每宴集赋诗，公主坐视帘中。诗之美者，赏以百缣[⑦]。

【注释】

① 《旧唐书》：五代刘昫撰，正史"二十四史"之一。共二百卷。原名《唐书》，宋祁、欧阳修等撰《新唐书》问世后，遂改称《旧唐书》。

② 端：即李端（737—784），字正己，赵郡（河北赵县）人，唐大历五年进士。与卢纶、吉中孚、韩翃、钱起、司空曙、苗发、崔峒、耿湋、夏侯审等唱和，号"十才子"。今存《李端诗集》，子李虞仲，官至兵部侍郎。

③ 大历（766-779）：唐代宗李豫年号。

④ 郭尚父（697-781）：即郭子仪，华州郑县（今陕西华县）人。唐代政治家、军事家。安史之乱时收复长安、洛阳，封代国公。先后平定绛州兵变，回纥、吐蕃之乱。大历十四年（779），被尊为"尚父"，进位太尉、中书令。死后追赠太师，谥"忠武"。

⑤ 暧：即郭暧（752-800），郭子仪第六子，霍国夫人王氏所生。娶唐代宗第四女昇平公主。后袭代国公，去世后赠尚书左仆射。

⑥ 昇平公主（754-810）：唐代宗女。下嫁郭暧，去世后累赠齐国公主，谥"昭懿"。

⑦ 缣（jiān）：细绢。

即席唱和

《南史·陈后主纪》：后主①常使张贵妃、孔贵嫔等八人夹坐，江总②、孔范③等十人预宴，号曰狎客④。先命八妇襞⑤彩笺制五言诗，十客一时继和，迟则罚酒。

【注释】

① 后主：即陈后主（553-604），名叔宝，字元秀，南北朝时期陈朝最后一位皇帝（582-589年在位）。隋灭陈后被俘，后病死，谥号“炀”。

② 江总（519-594）：字总持，济阳郡考城县（今河南商丘）人。南朝陈朝时官至尚书令。文学家，著有《江令君集》。

③ 孔范：字法言，会稽山阴（今浙江绍兴）人。南朝陈朝大臣。后主时为都官尚书。

④ 狎客：陪侍权贵游乐的人。

⑤ 襞（bì）：剖分。

即席联句

《南史》：梁曹景宗[①]破魏凯入，帝御华光殿，宴饮联句，令左仆射沈约[②]赋韵。景宗不得韵，意色不平，启求赋诗。帝曰："卿技能甚多，人才英拔，何必止在一诗？"景宗已醉，求作不已。诏令约赋韵，时韵已尽，唯余竞、病二字。景宗便操笔斯须而成，曰："去时儿女悲，归来笳鼓[③]竞。借问行路人，何如霍去病[④]？"上叹不已，约及朝贤，惊嗟竟日。

【注释】

① 曹景宗（457-508）：字子震，新野（河南南阳）人。南北朝时期梁朝名将，开梁元勋。性豪杰，喜饮酒。谥号"壮"。

② 沈约（441-513）：字休文，吴兴武康（今浙江湖州德清）人。南朝史学家、文学家。"永明体"创始人之一，提出声律"八病"说。所撰正史"二十四史"之《宋书》流传至今。

③ 笳（jiā）鼓：笳声与鼓声。借指军乐。

④ 霍去病（前140-前117）：河东平阳（今山西临汾西南）人，西汉名将、军事家。官至大司马骠骑将军，封冠军侯。漠北之战，封狼居胥，大捷而归。后英年早逝，追谥"景桓侯"。

后至者饮

《韩诗外传》[1]：齐桓公[2]置酒，令诸侯大夫曰："后者饮一经程[3]。"管仲后，当饮一经程，而弃其半。桓公曰："仲父当饮一经程，而弃之，何也？"管仲曰："臣闻之，酒入口者舌出，舌出者弃身，与其弃身，不宁弃酒乎？"（注：经程，酒器之大者。）

【注释】

① 《韩诗外传》：传为西汉韩婴撰，内容杂引古事古语，证以诗句，与经义关联不大。

② 齐桓公（？-前643）：姜姓，吕氏，名小白，春秋时期齐国第十位国君（前685-前643在位）。重用管仲，"尊王攘夷"，为春秋五霸之首。

③ 经程：古代一种大的盛酒器皿。

了语危语[1]

《晋书·顾恺之传》[2]：桓元[3]时与恺之[4]同在仲堪[5]坐，共作了语。恺之曰："火烧平原，无遗燎。"元曰："白布缠根，树旒旐[6]。"仲堪曰："投鱼深泉，放飞鸟。"复作危语。元曰："矛头淅米，

【注释】

① 了语危语：了语，与"终了"相关的话；危语，与危急骇人相关的话。

②《晋书》：唐房玄龄等合撰，正史"二十四史"之一，今存一百三十卷。记载史事上至三国时期司马懿早年，下至东晋恭帝元熙二年（420）刘裕废晋帝自立，以宋代晋。

③ 桓元（369-404）：应作桓玄，清代避康熙玄烨讳改。字敬道，谯国龙亢（今安徽怀远）人，大司马桓温之子。

④ 恺之（348-409）：即顾恺之，字长康，小字虎头。晋陵无锡（今江苏无锡）人。擅诗赋、书法，尤善绘画。提出传神论、以形守神等绘画理论，奠定了中国传统绘画的发展基础。为"六朝四大家"之一。

⑤ 仲堪（？-399）：即殷仲堪，陈郡长平（今河南西华）人，东晋末年重要将领、大臣。官至荆州刺史。后被桓玄袭击，逼令自杀。

⑥ 旒旐（liú zhào）：古代的一种旗子，上有龟蛇。也指引魂幡，出殡时在棺前引路的旗子。

剑头炊。”仲堪曰：“百岁老翁，攀枯枝。”有一参军云：“盲人骑瞎马，夜半临深池。”仲堪眇⑦目，惊曰：“此太逼人。”

愚按：此虽不言宴集，而各作一语，有类今之酒令，故录之。

【注释】

⑦ 眇：眼睛小，或一只眼失明。这里是指殷仲堪一只眼睛失明。

加倍令[1]

《启颜录》[2]：北齐高祖[3]尝令人读《文选》[4]，有郭璞[5]《游仙诗》，嗟叹称善。诸学士皆云："此诗极工，诚如圣旨。"石动筩[6]即起云："此诗有何能？若令臣作，即胜伊一倍。"高祖不悦，良久语云："汝是何人，自言作诗胜郭璞一倍，岂不合死？"动筩即云："大家[7]即令臣作，若不

【注释】

① 加倍令：古代酒令。规则是行令者诵古人含数字的诗句，将数字翻倍后，情理仍能通顺。如将李白的"江城五月落梅花"，说成"江城十月落梅花"。

② 《启颜录》：笑话集，隋代侯白撰。侯白，字君素，魏郡（今河北临漳）人。好学有捷才，隋高祖时曾召令修国史。

③ 北齐高祖（496-547）：即高欢，字贺六浑，原籍渤海蓨县（今河北景县）。东魏权臣，北齐王朝奠基人。其子高洋建立北齐，追尊高欢为献武皇帝，庙号太祖，后改尊神武皇帝，庙号高祖，史称北齐高祖。

④ 《文选》：又名《昭明文选》，南朝梁武帝长子昭明太子萧统组织编选，是现存最早的一部古诗文总集。

⑤ 郭璞（276-324）：字景纯，河东郡闻喜县（今山西闻喜县）人。晋文学家、训诂学家。以"游仙诗"名重当时。

⑥ 石动筩（tǒng）：北齐高帝时人，以语言诙谐著称。

⑦ 大家：近臣对皇帝的称呼。

胜一倍，甘心合死。”即令作之。动筩曰：“郭璞《游仙诗》云：‘青溪千余仞，中有一道士。’臣作云：‘青溪二千仞，中有两道士。’岂不胜伊一倍？”高祖始大笑。

愚按：今之加倍令，如“十月江深草阁寒”之类，当始于此。

回文反覆

皮日休[1]《杂体诗序》：晋傅咸[2]有回文反覆[3]诗，云反覆其文者，以示忧心辗转也。"悠悠远迈独茕茕"是矣。

愚按：齐梁以来回文诗，今之反覆令，皆本此。

【注释】

① 皮日休（约838-约883）：字袭美，复州竟陵（今湖北天门）人。咸通八年（867）进士及第，晚唐文学家。与陆龟蒙齐名，称"皮陆"。

② 傅咸（239-294）：字长虞，北地泥阳（今陕西耀县东南）人，西晋文学家。今存诗作十余首，多为四言诗。

③ 回文反覆：回文，顺读、倒读皆可成诗，或句中任意一字皆可为首，回环成诗。反复，特意重复需要突出强调的词句。

叠韵双声[1]

《坚瓠集》[2]：边尚书贡[3]继妻[4]胡氏，能通书义。廷实多侍姬，胡尝反目。一日宴客，客举令曰："讨小[5]老嫂恼。"廷实不能对。胡以片纸书"想娘狂郎忙"，云："何不以此对之？"坐客大笑。

【注释】

① 叠韵双声：叠韵是指两个音节的韵母或韵腹和韵尾相同，如"讨小老嫂恼"（tǎo xiǎo lǎo sǎo nǎo），都是ao韵。双声是指两个音节声母相同，如伶俐（líng lì）。

② 《坚瓠集》：褚人获（1635—1682）辑，共六十六卷，多收录明清见闻。

③ 边尚书贡（1476—1532）：即边贡，字廷实，号华泉。山东历城（今山东济南）人。弘治年间进士，官至南京户部尚书。明代"前七子"之一。

④ 继妻：继室。原配死后续娶的妻子。

⑤ 讨小：讨小老婆，纳妾。

药名

梁简文[1]《药名诗》[2]有"烛映合欢被[3]，帷飘苏合香"[4]。元帝[5]有"戍客恒山下，当思衣锦归"之类。至黄山谷[6]之"四海无远志，一溪甘遂心。

【注释】

① 梁简文（503–551）：即南朝梁简文帝萧纲，字世缵，南兰陵中都里（今江苏常州西北）人。雅好题诗，当时号曰"宫体"。

②《药名诗》：以药名入诗，妙与诗意融为一体，不露痕迹。

③ 合欢被：此处为中药"合欢皮"的谐音。

④ 苏合香：中药名。

⑤ 元帝（508–555）：即南朝梁元帝萧绎，字世诚，南兰陵中都里（今江苏常州西北）人。工书、善画、能文，明人张溥辑有《梁元帝集》。

⑥ 黄山谷（1045–1105）：即黄庭坚，字鲁直，自号山谷道人，晚号涪翁，又称黄豫章。洪州分宁（今江西修水）人。北宋诗人、词人、书法家，江西诗派的开山之祖。苏门四学士之一，诗与苏轼并称"苏黄"。文中所引为黄庭坚《荆州即事药名诗八首》之一。

牵牛避洗耳，卧著桂枝阴”[7]，则词意显浅。今之药名诗令，如“计程应说到常山”[8]云云，巧与之侔[9]。

【注释】

⑦ 远志、甘遂、牵牛、桂枝：中药名。

⑧ 常山：中药名，为虎耳草科植物常山的干燥根。有劫痰截虐的功效。

⑨ 侔（móu）：相当。

四色诗

齐王融[①]《四色诗》曰："赤如城霞起，青如松雾澈。黑如幽都云，白如瑶池雪。"梁范云[②]亦有《四色诗》。今有五色飞觞令[③]，较此尤难。

【注释】

① 王融（466–493）：字元长。琅琊临沂（今山东临沂）人。南朝齐"永明体"代表诗人。有《王宁朔集》。

② 范云（451–503）：字彦龙，南乡舞阴（今河南沁阳西北）人。南朝齐梁诗人，与沈约等并称"八友"，入梁为吏部尚书。

③ 五色飞觞（shāng）令：飞觞，举杯饮酒。《文选》卷五晋左思《吴都赋》："里宴巷饮，飞觞举白。"五色飞觞令，需依次嵌"青黄赤白黑"五字飞觞，如令官飞"青"字，倘举"两山排闼送青来"，"青"在第六字，则第六座饮酒，再飞"黄"字，倘举"额黄无限夕阳山"，"黄"在第二字，则他之后第二人饮酒，再飞"赤"字，以此类推，直到"黑"字收令。

习字廋词[1]

《洛阳伽蓝记》[2]：王肃[3]与高祖[4]殿会。高祖举酒曰："三三横，两两纵。谁能辨之，赐金钟。"御史中丞李彪[5]曰："沽酒老妪瓮注㼚[6]，屠儿割

【注释】

① 廋（sōu）词：即隐语，后代酒令有射覆，即猜谜。

② 《洛阳伽蓝记》：北魏杨衒之作，成书于东魏武定五年（547）。全书共五卷，是记载北魏洛阳佛寺的地理著作。

③ 王肃（464-501）：字恭懿，琅琊郡临沂（今山东临沂）人。北魏名臣，东晋丞相王导的后代。追赠侍中、司空公，谥号"宣简"。

④ 高祖：即北魏孝文帝（471-499在位）拓跋宏（467-499），又名元宏。在位时实行汉化改革，史称"孝文帝中兴"。

⑤ 李彪（444-501）：字道固，顿丘卫国（今河南清丰县）人，北魏大臣。谥"刚宪"。

⑥ 㼚（xiáng）：长颈的瓮坛类容器。

肉与称同。”尚书右丞甄琛[7]曰：“吴人浮水自云工，妓儿掷绳在虚空。”彭城王勰[8]曰：“臣始解，此是‘习’字！”高祖即以金钟赐彪。

愚按：此为廋语，颇类今之射覆。先中者不得直宣也。

【注释】

⑦ 甄琛（？-524）：字思伯，中山毋极（今河北无极县）人，北朝大臣。北魏孝文帝时举秀才，拜中书博士。历官谏议大夫、中散大夫、中尉等。后迁侍中，坐事罢官。

⑧ 彭城王勰：即拓跋勰（473-508），又名元勰，字彦和。北魏孝文帝元宏之弟。后其子元子攸继位登基，为孝庄帝，追尊元勰为文穆皇帝，庙号肃祖。

口字咏[1]

陈沈炯[2]《和蔡黄门口字咏绝句》曰："嚚嚚宫阁路，灵灵谷口闾。谁知名器品，语哩各崎岖。"今之有口诗、无口诗令，皆原于此。

【注释】

① 口字咏：因诗中每字皆藏口字而得名。

② 沈炯（502-560）：字礼明，吴兴武康（今浙江吴兴南）人。仕梁为吴令，梁元帝时任尚书左丞，入陈，累至明威将军。有文集二十卷。

藏钩[1]、藏阄、射覆[2]

《三秦记》[3]：汉武钩弋夫人[4]手拳，时人效之，目为藏钩也。

《采兰杂志》[5]：九为阳数，古人以二十九日为上九，初九日为中九，十九日为下九。每月下九，置酒为妇女之欢。女子以是夜为藏钩诸戏，以待月明。

【注释】

① 藏钩：也称藏阄。一方藏物于手，让另一方猜，猜中获胜。常于饮宴中进行，以助兴取乐。相传始自汉武帝钩弋夫人。

② 射覆："射"是猜，"覆"是覆盖。酒令中，"覆"是将某个字或事物隐藏在题目中，让对方去"射"。对方猜到后，也要用隐语来回答。如猜错，或不能用恰如其分的隐语对答，则为输，要罚酒。

③《三秦记》：汉辛氏撰，今存一卷。有清王谟《汉唐地理书钞》辑本、张澍辑本。三秦本秦之故地，书中所载山川、都邑、宫室皆秦汉时地理故事。

④ 钩弋夫人（？-约前88）：赵氏，河间（今属河北）人。汉武帝刘彻宠妃，汉昭帝刘弗陵生母。传钩弋夫人天生握拳，不能伸展，汉武帝将其手展开，得一玉钩，后乃作藏钩游戏。

⑤《采兰杂志》：宋无名氏撰。

《风土记》[6]：藏钩之戏，分二曹[7]以较胜负。若人偶则敌对，若奇则使一人为游附，或属上曹，或属下曹，为飞鸟。

愚按：今之猜花令[8]，以十杯覆一花，分朋猜揭，亦藏钩之遗法。

《辽史·游幸表》[9]：开泰八年[10]，幸晋长公主第，作藏阄宴。按《礼志·藏阄仪》，至日，北南臣僚

【注释】

⑥《风土记》：晋周处编撰，记载地方风俗的著作。对端午、七夕、重阳等民俗节日都有记叙。

⑦二曹：两组。

⑧猜花令：将坐客分两组，覆的一方为上曹，射的一方为下曹。将十个酒杯扣在盘中，上曹把一朵花覆在其中一个酒杯中，令下曹射。射毕，揭开酒杯。若揭得空杯，则斟满此杯酒，下曹分饮。剩下九杯，下曹再猜。如射中得花，则将该杯与盘中所余空杯斟满酒，由上曹分饮。

⑨《辽史》：元脱脱著。正史“二十四史”之一。记载上自辽太祖耶律阿保机，下至天祚帝耶律延禧的辽朝历史（907-1125），兼及耶律大石建立的西辽的历史（1124-1218）。

⑩开泰（1012-1021）：辽圣宗（耶律隆绪）（982-1031在位）年号。

常服[11]入朝。皇帝御天祥殿，臣僚依位赐坐，契丹南面，汉人北面。分朋行阄，或五或七筹。赐膳入食。毕，皆起。顷之，复坐，行阄如初。晚赐茶，三筹或五筹。罢，教坊[12]承应[13]。若帝得阄，臣僚进酒讫，以次赐酒。

李义山[14]诗："隔座送阄春酒暖，分曹射覆蜡灯红"。

【注释】

⑪ 常服：源于隋唐，与礼服相对。一般为非正式场合的穿着。

⑫ 教坊：古代宫廷音乐机构。始于唐，管理宫廷俗乐的教习和演出事宜，以及在宫廷中演出歌舞、散乐的艺人。宋元两代均设有教坊。明代改为教坊司，隶属于礼部。清雍正时改为和声署。

⑬ 承应：指艺人应宫廷或官府之召表演侍奉。

⑭ 李义山（约812-约858）：即李商隐，字义山，号玉谿生，又号樊南生。原籍怀州河内（今河南沁阳）。晚唐著名诗人，与杜牧合称"小李杜"，与温庭筠合称"温李"。

愚按：《东方朔传》[15]、《管辂传》[16]皆言射覆乃占验之学。今精六壬术[17]者，犹或能之。《唐书》：明皇命相，御书其名，会太子入侍，上举金瓯[18]覆其名而告之曰："此宰相名也，汝知其谁耶？射中赐卮[19]酒。"此则非术数家[20]言矣。然今酒座所谓射覆，又名射雕覆者，殊不类此。法以上一字为雕，下一字为覆，设注意"酒"字，则言"春"字、"浆"字，使人射之，盖春酒、酒浆也。射者言某字，彼此会意。余人更射。不中者饮，中则令官饮。

【注释】

⑮《东方朔传》：见《汉书》卷六十五，有"（武帝）尝使诸数家射覆，置守宫（壁虎）盂下"，东方朔分蓍草卜卦后猜中的记载。

⑯《管辂传》：见《三国志》卷二十九，有"（诸葛原）自起取燕卵、蜂窠、蜘蛛著器中，使射覆"，管辂卜卦后猜出谜底的记载。

⑰六壬术：中国古代宫廷占术的一种，与太乙、遁甲合称为"三式"。

⑱金瓯：金制酒器。

⑲卮（zhī）酒：一杯酒。卮，古代酒器。

⑳术数家：《汉书·艺文志》认为，"数术者，皆明堂、羲和、史、卜之职也"，可分为天文家、历谱家、五行家、蓍龟家、杂占家、形法家六大派。

倒饮

《神仙传》[1]：孔元方，许昌人，年百七十余岁。道家或请会同饮酒，人人作酒令。次至元方，元方作一令，以杖拄地，乃手把杖倒竖，头在下，足向上，以一手持杯倒饮，人莫能为也。

【注释】

① 《神仙传》：东晋葛洪撰，十卷，收录中国古代传说中的神仙事迹。始著录于《隋书·经籍志》史部杂传类。

三字同音令

《纪异录》[1]：进士顾非熊[2]，相国令狐楚[3]闻其辩捷，乃改一字令[4]，云："水里取一鼍[5]，岸上取一驼，将者驼，来驮者鼍，是为驼驮鼍。"非熊曰："屋头取一鸽，水里取一蛤[6]，将者鸽，来合者蛤，是为鸽合蛤。"

【注释】

① 《纪异录》：又名《洛中纪异录》，北宋秦再思撰，宋代文言轶事、志怪小说。原本十卷，今已佚，有佚文。

② 顾非熊：姑苏人，生卒年不详，约唐文宗开成初年前后在世，有诗名。《新唐书·艺文志》收有诗集一卷。

③ 令狐楚（766–837）：字壳士，自号白云孺子，宜州华原（今陕西耀县）人。贞元七年（791）进士，后入朝为右拾遗，累官至中书侍郎同平章事，追赠司空，谥"文"。《全唐诗》存诗一卷。

④ 改一字令：也分"一字象形令""一字惬音令"。此令应为惬音令，即押韵令。如《唐才子传》中薛涛与高骈所行的，"口似没梁斗"，"川似三条椽"等等，为象形令。

⑤ 鼍（tuó）：亦称"扬子鳄""鼍龙""猪婆龙"。

⑥ 蛤（gé）：软体动物，有壳，栖沙中，肉可食。

急口令[1]

唐郑蕡《才鬼录》：隋长孙鸾侍郎，年老口吃而秃，贺若弼[2]造急口令弄之，曰："鸾老头脑好，好头脑鸾老。"使之回环急诵，以为笑。今之急口令本此。

【注释】

① 急口令：与绕口令、拗口令相似。要求快速、准确念出。

② 贺若弼（544-607）：复姓贺若，字辅伯，河南洛阳人。隋朝著名将领，因伐陈有功，封上柱国，进爵宋国公，官至右武侯大将军。后被隋炀帝以诽谤朝廷罪杀害。

一字象形

丁用晦《芝田录》[1]：高骈[2]镇成都，命酒佐[3]薛涛[4]改一字令，曰："须得一字象形，又须逐韵。"公曰："口，有似没梁斗。"涛曰："川，有似三条椽[5]。"公曰："奈何一条曲？"曰："相公为西川节度[6]，尚使一没梁斗；至于穷酒佐，有三条椽，内惟一条曲，又何足怪？"

【注释】

① 《芝田录》：唐丁用晦著，多为帝王、后妃、名臣、文人轶事珍闻。《郡斋读书志》云"总六百条"，今存四十余条。

② 高骈（821–887）：字千里，幽州（今北京西南）人。晚唐名将，诗人。世代为禁军将领。

③ 酒佐：古时劝酒的歌伎。

④ 薛涛（约768–832）：字洪度，长安（今陕西西安）人。幼时随父入蜀，能诗，时称"女校书"。创制深红小笺写诗，人称"薛涛笺"。《全唐书》存诗一卷。

⑤ 椽（chuán）：放在檩上架着屋顶的木条。

⑥ 节度：节度使，官名。唐代设立的地方军政长官。

属对令[①]

《蔡宽夫诗话》[②]：唐人饮酒必为令以佐欢，乐天所谓“闲征雅令穷经史”，今犹有其遗习也。尝有人举令云：“马援[③]以马革裹尸，死而后已。”答者云：“李耳[④]以李树为姓，生而知之。”又“鉏

【注释】

① 属字令：对对子。属拆字酒令，先合后拆。如“槐”可拆为“木边之鬼”，“炭”可拆为“山下之灰”。

② 《蔡宽夫诗话》：北宋蔡居厚撰。蔡居厚，字宽夫，临安（今浙江杭州）人，历官知东平府。评论历代诗歌，兼及用韵、典故、句法。另有《诗史》一书。皆散佚，今有辑本。

③ 马援（前14-49）：字文渊，扶风茂陵（今陕西兴平西北）人。东汉开国功臣之一。官至伏波将军，封新息候。《后汉书·马援传》载马援语：“男儿要当死于边野，以马革裹尸还葬耳。”

④ 李耳：一说老子，即老聃，姓李名耳，字聃，陈国苦县（今安徽涡阳）人。曾为周“守藏室之史”。中国春秋时思想家，道家学派创始人。后隐退著《老子》一书。《史记·索隐》引葛玄曰：“李氏女所生，因母姓也。又云‘生而指李树，因以为姓’。”

麑⑤触槐，死作木边之鬼”，答者云：“豫让⑥吞炭，终为山下之灰。”复有举经句字相属而文重者曰：‘火炎昆冈⑦’乃以‘土圭测影⑧’酬之。”此亦不可多得也。

愚按：“马援”一联，以尸死、姓生字互相脱卸，昔人所谓藏头格⑨也。

【注释】

⑤ 鉏麑（chú ní）：晋国大力士。鉏麑刺杀赵盾，因感赵盾之忠，触槐而死，事见《左传》。

⑥ 豫让：春秋晋时侠客。为了给智伯报仇漆身吞炭，改换容貌声音去刺杀赵襄子，后失败自杀。

⑦ 火炎昆冈：语出《尚书》：“火炎昆冈，玉石俱焚。”指火焚烧昆山时，宝玉和石头都会被烧毁。

⑧ 土圭测影：语出《周礼》：“土圭测影，影朝影夕。”土圭，古代用以测日影、正四时的器具。《周礼·地官·大司徒》载测量方法。

⑨ 藏头格：有两种说法。一种是梁桥《冰川诗式》卷七称：“藏头者，首联与中二联六句皆具言所寓之景与情，而不言题意，至结联方说题之意，是谓藏头。”另一种是明徐师曾《诗体明辨》中称：“藏头诗，每句头字皆藏于每句尾字也。”即每一句的尾字中包含次句的首字，参见白居易的《游紫霄宫》。

书句俗语

《摭言》[1]：唐沈亚之[2]尝客游，为小辈所诋[3]，曰："某改令[4]，书俗各两句。伐木丁丁，鸟鸣嘤嘤。东行西行，遇饭遇羹。"亚之答曰："如切如磋，如琢如磨。欺客打妇，不当娄罗[5]。"

【注释】

① 《摭言》：即《唐摭言》五代王定保（870-940）撰，古代文言轶事小说集，记述了大量唐代诗人文士的遗闻轶事。全书十五卷，分一百零三门。

② 沈亚之（781-832）：字下贤，吴兴（今属浙江）人。元和十年（815）登进士第。尝游于韩愈门下，工古文，为唐传奇作者，亦擅诗名。《全唐诗》存诗一卷。

③ 诋：诋毁。此处一作"试"字。

④ 改令：依据一定规矩变更字句作令。

⑤ 娄罗：以任二北《敦煌曲初探》对"娄罗"一词的考辨，此处作"英雄好汉之属"解释。

小字

《唐书·李君羡传》[1]：贞观[2]初，会内宴为酒令，各言小字。君羡自陈曰："五娘子。"

【注释】

① 李君羡（593-648）：唐代将领，洺州武安（今河北武安）人。太宗时，封武连县公。据《唐书》载，因有谣言"当有女武王者"，而李君羡小名"五娘子"，故太宗深恶之，后以不轨之名诛杀。

② 贞观（627-649）：唐太宗年号，共二十三年，期间唐太宗励精图治，史称"贞观之治"。

措大吃酒点盐

《摭言》：方干[①]唇缺[②]，性好侮人。尝与龙邱[③]李主簿同酌。李目有翳[④]，干改令讥之曰："措大[⑤]吃酒点盐，将军吃酒点酱。只见门外著篱，未见眼中安障。"李答曰："措大吃酒点盐，下人吃酒点酢[⑥]。只见手臂著阑[⑦]，未见口唇开袴[⑧]。"

【注释】

① 方干（809—886）：字雄飞，号玄英，睦州桐庐（今浙江桐庐）人。唐代诗人，《全唐诗》编诗六卷。

② 唇缺：唇裂，兔唇。

③ 龙邱：地名。今浙江省龙游县。因隐士龙邱苌隐居于此，因以为名。

④ 翳（yì）：此处指眼角膜上所生障碍视线的白斑。

⑤ 措大：贫寒的读书人。

⑥ 酢（cù）：也作"醋"。

⑦ 阑：环状物。

⑧ 袴（kù）：同"裤"。

飞盏[1]言状

《玉泉子》[2]：裴勋容貌么麽[3]，而性尤率易[4]。与父垣会饮，垣令飞盏。每属其人辄自言状。垣付勋曰："矬人饶舌，破车饶楔[5]，裴勋十分。"勋饮讫而复其盏曰："蝙蝠不自见，笑他梁上燕，十一郎[6]十分。"垣第十一也。

【注释】

① 飞盏：传递斟满酒的杯子。游戏时伴有酒令，完成酒令即可传杯给下一人。

② 《玉泉子》：唐无名氏撰，共一卷。多记唐人杂事，兼采唐人小说及杂史。

③ 么（yāo）麽：矮小、猥琐。

④ 率易：轻率、随便。

⑤ 楔：楔子。指破车须多用楔子加固。

⑥ 十一郎：裴垣在兄弟中排行为第十一，平辈可以此呼之。此处裴勋竟以此呼其父，没大没小，实在顽皮。

乐器名

《摭言》：卢肇[①]牧歙州[②]，迓[③]姚岩杰[④]至郡斋[⑤]。无何[⑥]会于江亭，卢请目前取一事为酒令，尾有乐器名，曰："远望渔舟，不阔尺八[⑦]。"岩杰遽饮酒一器，凭栏呕哕[⑧]，还令曰："凭栏一吐，已觉空喉[⑨]（箜篌）。"

【注释】

① 卢肇（818-882）：字子发，袁州宜春（今江西宜春）人。会昌三年（843），因李德裕荐，以状元登第。

② 歙（shè）州：即徽州。宋徽宗宣和三年（1121年），改歙州为徽州。

③ 迓（yà）：迎接。

④ 姚岩杰：陕西硖石（今河南三门峡市）人。唐代诗人。

⑤ 郡斋：郡守起居之处。

⑥ 无何：不久。

⑦ 尺八：乐器名。唐代宫廷乐器之一，木管竖吹，竹制，外切口，五孔，因长度为一尺八寸而得名。

⑧ 哕（yuě）：呕吐。

⑨ 空喉：这里是以同音指代"箜篌"。中国古代的一种传统弹弦乐器。

闲忙令[1]

《湘山野录》[2]：日本国求本国神元寺诗，舍人词不工，令学士张君房[3]代之。张潜饮市楼，舍人大窘。时种放[4]以司隶[5]归华山。杨大年[6]为闲忙令云："世上何人最号闲，司隶拂衣归华山。世上何人最号忙，紫微[7]失却张君房。"

【注释】

① 闲忙令：酒令的一种，据明代田艺蘅《小酒令》载，此令每人说一闲一忙，禁用典故，只以寻常口语行令。

② 《湘山野录》：北宋僧人文莹撰，笔记体野史，记载北宋开国至神宗时期的朝野轶闻杂事。

③ 张君房：安陆（今属湖北）人，一说开封（今河南）人。景德二年进士及第。编有《云笈七签》一百二十二卷。另有诗文集若干。

④ 种放（955-1015）：字明逸，河南洛阳人。博通经史，多为歌诗。隐居终南山，自号云溪醉侯。

⑤ 司隶：古代监察官。种放曾授左司谏、擢右谏议大夫。

⑥ 杨大年（974-1020）：杨亿，字大年，建州浦城（今福建浦城县）人，北宋文学家，"西昆体"代表作家。淳化中赐进士，曾为翰林学士兼史馆修撰，官至工部侍郎。

⑦ 紫微：旧指中书省，代指皇帝所在的都城。

徒以上罪[1]

《拊掌录》[2]：欧阳公[3]与人行酒令，各作诗两句，须犯徒以上罪者。一人云："月黑杀人夜，风高放火天。"一人云："持刀逼寡妇，下海劫人船。"欧云："酒黏衫袖重，花压帽檐偏。"或讶而问之，公曰："此时徒以上罪亦做了。"

【注释】

① 徒以上罪：徒刑以上的刑罚。

② 《拊掌录》：笔记小说集。《说郛》载此书为元怀著。记五代至宋社会名流可笑之事。

③ 欧阳公：欧阳修（1007-1072），字永叔，号醉翁、六一居士。吉州永丰（今江西省吉安市永丰县）人，北宋政治家、文学家。官至翰林学士、枢密副使、参知政事，谥"文忠"，世称欧阳文忠公。唐宋八大家之一。

卦名[1]证故事[2]

《唾玉集》[3]：东坡[4]尝遇坐客行令，以两卦名证一故事。一人云："孟尝[5]门下三千客，大有同人[6]。"一人云："光武[7]兵渡滹沱河[8]，未济

【注释】

① 卦名：易卦的名称。

② 故事：掌故、典故、旧事。

③《唾玉集》：南宋俞文豹撰，杂记南宋宫廷、官场及民间遗闻轶事。书原名《吹剑录》，其友人僭改此名后重刊于世。

④ 东坡：即苏轼（1037-1101），字子瞻，号东坡居士。眉州眉山（今属四川）人。嘉佑二年（1057）进士及第，宋哲宗时任翰林学士、礼部尚书，谥"文忠"。北宋著名诗人、词人、散文家、书画家。唐宋八大家之一。

⑤ 孟尝：即孟尝君田文，战国时齐国贵族，战国四公子之一，门下食客数千。

⑥ 大有同人："大有"，《易经》第十四卦，"同人"，《易经》第十三卦。

⑦ 光武：即汉光武帝刘秀（前5-57），字文叔，东汉开国皇帝。

⑧ 滹沱（hū tuó）河：水名，源出中国山西省，流入河北省。

既济[9]。”一人云：“刘宽[10]婢羹汙[11]朝衣，家人小过[12]。”东坡云：“牛僧孺[13]父子犯罪，先斩小畜[14]，后斩大畜[15]。”盖为荆公[16]发也。

【注释】

⑨ 既济未济："既济"，《易经》第六十三卦。"未济"，《易经》第六十四卦。

⑩ 刘宽（120-185）：字文饶，弘农华阴（今陕西潼关）人。灵帝时为太尉、光禄勋，封逯乡侯。《后汉书》有传。

⑪ 汙（wū）：同"污"。

⑫ 家人小过："家人"，《易经》第三十七卦。"小过"，《易经》第六十二卦。

⑬ 牛僧孺（780-848）：字思黯，安定鹑觚（今陕西长武）人。贞元二十一年（805）登进士第。

⑭ 小畜（xù）：《易经》第九卦。

⑮ 大畜：《易经》第二十六卦。

⑯ 荆公：即王安石（1021-1086），字介甫，号半山，抚州临川（今江西抚州临川）人。北宋政治家、文学家。唐宋八大家之一。

拆字令[①]

《云麓漫钞》[②]：陶穀[③]使越，越王[④]因举酒令曰："白玉石，碧波亭上迎仙客。"陶对曰："口耳王，圣明天子要钱唐。"宣和间，林攄[⑤]奉使契丹[⑥]，其国中新为碧室[⑦]，云如中国之明堂[⑧]。伴

【注释】

① 拆字令：酒令的一种，任择一字，加以分合增加，用以饮宴。

② 《云麓漫钞》：南宋赵彦卫撰，内容多记宋代杂事、考证名物，颇多参考价值。

③ 陶穀：字秀实，自号鹿门先生，邠州新平（今陕西彬县）人，著有《清异录》。

④ 越王：吴越王钱俶（929-988），临安人，五代十国吴越最后一位国王，谥号"忠懿"。

⑤ 林攄（shū）:字彦振，福州人。以荫入官，赐进士及第，为翰林学士。宋徽宗时曾使辽。

⑥ 契丹：中古中国东北地区的一个民族，亦指这个民族建立的政权。916年，耶律阿保机称帝，国号契丹，后改称辽，1125年为金所灭。

⑦ 碧室：辽国君主宣明政教的宫室。

⑧ 明堂：古代帝王宣明政教的地方，用以朝会、祭祀、选士、庆赏等大典，如北京天坛祈年殿。

使[9]举令云："白玉石，天子建碧室。"林对曰："口耳王，圣人坐明堂。"伴使曰："奉使不识字，只有口耳壬，即无口耳王。"林词窘，骂之，几至辱命。

【注释】

⑨ 伴使：接待外国使臣的官员。

体物令①

《续青琐高议》②：杨大年于丁谓席③上，举令云："有酒如线，遇斟则见。"丁云："有饼如月，因食则缺。"盖"斟"与"针"同音，"食"与"蚀"同音也。

【注释】

① 体物令：酒令的一种。每人说两句话，上句打比方，下句用谐音，体现上句所提之物。

② 《续青琐高议》：宋刘斧撰，前有《青琐高议》，北宋传奇小说集。

③ 丁谓（966-1037）：字谓之，后改公言。北宋苏州长州（今江苏苏州）人。淳化三年（992）进士。官至宰相，封晋国公。

冷香令

《坚瓠集》：苏老泉[1]家集，举“冷”、“香”二字一联为令，云：“水向石边流出冷，风从花里过来香。”东坡云：“拂石坐来衣带冷，踏花归去马蹄香。”颍滨[2]云：“（阙）冷，梅花弹遍指头香。”小妹[3]云：“叫月杜鹃喉舌冷，宿花蝴蝶梦魂香。”

【注释】

① 苏老泉（1009-1066）：苏洵，字明允，自号老泉，眉州眉山（今四川眉山）人。北宋文学家，与其子苏轼、苏辙合称“三苏”，同列入“唐宋八大家”。著有《嘉祐集》。

② 颍滨（1039-1112）：即苏辙，字子由，自号颍滨遗老，眉州眉山（今四川眉山）人。嘉祐二年（1057）与兄苏轼同登进士科。谥号“文定”。

③ 苏小妹：不见于史传。仅存在于民间文学中，是苏轼的妹妹、秦观的妻子，聪慧多才。

粘头续尾令（即今之“绩麻令”）

《酒谱》[1]：今人多以文句首末二字相联，谓之粘头续尾[2]。尝有客云：“维其时矣。”[3]自谓文句必无“矣”字居首者，欲以见窘于答者。不知“矣焉也者[4]，决辞[5]也”，出柳子厚[6]文，遂浮以大白[7]。

【注释】

① 《酒谱》：宋窦苹撰。一卷，杂取有关酒的故事、掌故、传闻、酒令及相关事迹、诗文等。

② 粘头续尾：上句尾字为下句首字，即顶真格、文字接龙。

③ 维其时矣：语出《诗经·小雅·鱼丽》。

④ 矣焉也者：语出柳宗元《复杜温夫书》，原文为：“所谓乎、欤、耶、哉、夫者，疑辞也；矣、耳、焉、也者，决辞也。”

⑤ 决辞：表示肯定的语气助词。

⑥ 柳子厚（773–819）：柳宗元，子子厚，祖籍河东解县（今山西永济），世称柳河东。唐贞元九年（793）中进士。与韩愈一同倡导古文运动，并称“韩柳”，同列入“唐宋八大家”。

⑦ 浮以大白：痛快地满饮一杯，或称“浮白”“浮一大白”。语出汉刘向《说苑·善说》。

落地无声令

《笔谈》：苏东坡、晁补之[①]、秦少游[②]同访佛印[③]师，留饮般若汤[④]。行令，上要落地无声之物，中要人名贯串，末要诗句。东坡云："雪花落地无声，抬头见白起[⑤]，白起问廉颇[⑥]，如何爱养鹅。廉颇曰，白毛浮绿水，红掌注清波。"补之云："笔

【注释】

① 晁补之（1053-1110）：字无咎，济州巨野（今山东巨野）人。宋元丰（1079）年进士。苏门四学士之一。

② 秦少游（1049-1100）：即秦观，字太虚，后改字少游，号淮海居士，扬州高邮（今江苏高邮）人。宋元丰八年（1085）进士及第。苏门四学士之一。

③ 佛印（1032-1098）：法名了元，字觉老，俗姓林，饶州浮梁（今江西景德镇）人。北宋云门宗高僧。宋神宗赠号"佛印禅师"。与苏轼过从甚密，民间多有二人的逸闻轶事。

④ 般若汤：和尚称呼酒的隐语。

⑤ 白起（？-前257）：一称公孙起，郿县（今陕西眉县）人。战国时期秦国名将。

⑥ 廉颇：战国时期赵国名将。

花落地无声，抬头见管仲，管仲问鲍叔[⑦]，如何爱种竹。鲍叔曰，只须两三竿，清风自然足。”少游云：“蛀屑落地无声，抬头见孔子[⑧]，孔子问颜回[⑨]，如何爱种梅。颜回曰，前村风雪里，昨夜一枝开。”佛印云：“天花落地无声，抬头见宝光[⑩]，宝光问维摩[⑪]，僧行[⑫]近如何。维摩曰，对客头如鳖，逢斋项似鹅。”

【注释】

⑦ 鲍叔：即鲍叔牙，颍上（今安徽颍上县）人，春秋时齐国大夫，推荐管仲为齐相。“管鲍之交”：即指很好的友谊。

⑧ 孔子（前551－前479）：名丘，字仲尼，生于鲁国陬邑（今山东曲阜），春秋末期思想家、教育家，儒家学派创始人。晚年修订六经；被尊称为“圣人”。

⑨ 颜回（前521－前481）：字子渊，春秋末期鲁国人，孔子的得意门生。

⑩ 宝光：即宝光佛，亦称宝光天子。

⑪ 维摩：即维摩诘，早期佛教著名居士。

⑫ 僧行：佛门戒行。

诗里藏阄令

《寓简》[1]：酒客为令，以诗一句，影出果名，类廋语。如云："迢迢良夜惜分飞，是清宵离。"影青消梨也。又云："黄鸟避人穿竹去，是山莺逃。"影山樱桃也。又云："芰荷[2]翻雨浴鸳鸯，是水淋禽。"影水林檎也。但恨语太俗。

【注释】

①《寓简》：南宋沈作喆撰，记录宋代轶事、典制，并加考证，共十卷。

② 芰（jì）荷：菱叶，一说荷叶。

成语回环令[1]

《寓简》：群饮者出令曰："迅雷风烈[2]，烈风雷雨。"报曰："绝地天通，通天地人。"或曰："吾得坤乾，乾坤得位。"

【注释】

① 成语回环令：酒令的一种。要求说出有出处的句子（即成语），能够将该句后三个字颠倒，再续上一字，仍能作成语。

② 迅雷风烈：语出《论语·乡党》："迅雷风烈，必变。"意指遇见迅雷、大风，一定改变神色，表示对上天的敬畏。

攒三字令[1]

《寓简》：以文章书语为酒令，如《醉乡日月》所载，亦可以见其博闻巧发，应机之敏。黄鲁直、刘莘老[2]丞相同在馆中，每遇庖人请食次[3]，鲁直颇治珍味[4]。刘北人，性朴厚，多云："来日吃蒸饼。"乡音颇质。黄不乐其简俭，一日聚饮行令，以三字

【注释】

① 攒三字令：酒令的一种。规则是三字拼成一字。

② 刘莘老（1030—1098）：即刘挚，字莘老，永静东光（今属河北）人。宋嘉祐四年（1059）进士，官至御史中丞、尚书右仆射，有《忠肃集》。

③ 食次：多指酒菜、点心之类的食品。

④ 珍味：珍奇贵重的食物。晋张华《博物志》卷一："食水产者、龟、蛤、螺、蚌，以为珍味，不觉其腥臊也；食陆畜者，狸、兔、鼠、雀，以为珍味，不觉其膻也。"

离合成字。或云："戊丁成皿盛。"或云："白玉珀石碧。"或云："里予野土墅。"黄云："禾女委鬼魏。"刘未答，黄遽云："仆当奉代以'来力勑[5]正整'如何？"盖其声大似蒸饼之语也。坐皆笑，刘不乐。

愚按：整字实从敕，黄故从俗体[6]相谑耳。

【注释】

⑤ 勑（chì）：同"敕"。

⑥ 俗体：民间手写的、与字书写法不合的汉字字体。

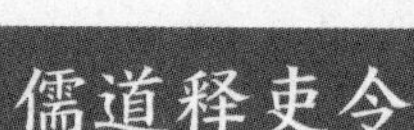

儒道释吏令

《山堂肆考》①：有儒道释吏同席饮，行令，取句语首尾字相同。儒者曰：“上以风化下，下以风刺上②。”道士曰:“道可道，非常道③。”释曰:“色即是空，空即是色。”吏曰:“牒件状如前，谨牒④。”

【注释】

① 《山堂肆考》：明彭大翼撰，为私家撰述的类书。全书二百四十卷。

② 上以风化下，下以风刺上：语出《文选》。指诗所具有的社会功能。

③ 道可道，非常道：语出《道德经》。

④ 牒件状如前，谨牒：古代牒文、案例文书中常见的收尾语。

六鹤

《坚瓠集》：古人饮酒击博[①]。其箭以牙为之，长五寸，箭头刻鹤形，谓之六鹤齐飞。今牙筹[②]，亦其遗意。

【注释】

① 击博：古代的一种博戏。《释文》："击，打也，如今双陆碁（棋）也。"

② 牙筹：博具名，多以象牙或骨、角制成，古博戏时用以计数的筹码。

猜枚[1]

《茶余客话》[2]：元人姚文奂[3]诗云："晓凉船过柳洲东，荷花香里偶相逢。剥将莲子猜拳子，玉手双开不赌空。"猜拳赌空，皆诗料[4]也。即今酒令之猜枚，前后不放空也。

【注释】

① 猜枚：古代的一种博戏，多用于酒令。手握小物，让对方猜单双、数目或颜色等，猜中为胜，猜错罚酒。

② 《茶余客话》：清阮葵生（1727–1789）撰，约成书于乾隆三十六（1771）年。原书三十卷，其中涉及到清初典章制度、入关前后建置及淮地名物掌故等，还记录了一些戏曲、小说的有关史料。

③ 姚文奂：元士人，字子章，号娄东生，昆山（今属江苏）人。著有《野航亭稿》。

④ 诗料：作诗的材料。

大人小人令

《畜德录》[1]：都御史韩公雍[2]，与夏公埙[3]饮，各出酒令。公欲一字内，有大人、小人，复以谚语证之，曰："伞字有五人，下列众小人，上侍一大人，所谓'有福之人人服事，无福之人服事人'。"夏曰："爽字有五人，旁列众小人，中藏一大人，所谓'人前莫说人长短，始信人中更有人'。"

【注释】

① 《畜德录》：明陈沂撰，志人小说，记载明代宣德、正统年间名臣的言行。

② 韩雍（1422-1478）：字永熙，长洲（今江苏苏州）人。正统七年（1442）进士，授御史。谥号"襄毅"，有《襄毅文集》。

③ 夏埙（1426-1482）：字宗仁，号介轩，天台县人。明景泰二年（1451）进士，授御史，后升任广东按察使。著有《介庵稿》。

盗令[1]

《七修类稿》[2]：予尝同群士会饮，有行令欲以犯盗事为对者，曰："'发冢'[3]可对'窝家[4]'。"继者曰："'白昼抢夺'对'黑夜私奔'。"众曰："私奔，非盗也。"继者曰："名虽不伦，而推原其情，亦盗也。"一人曰："'打地洞'[5]可对'开天窗[6]'。"众曰："开天窗，决非盗事矣。"对者曰："今之敛人财而为首者，剋减其物，谚谓之'开天窗'，岂非盗乎？"众笑而罢。

【注释】

① 盗令：酒令的一种，出令以盗窃为内容，作对联一副。

② 《七修类稿》：明郎瑛（1487-1566）撰，笔记集，分天地、国事、义理、辨证、诗文、事物、奇谑七类。成书于1547年或稍后，大体包括当朝及前朝的史事掌故、社会风俗与琐闻、艺文与学术考辨。

③ 发冢：发掘坟墓、盗墓。

④ 窝家：即窝主，窝藏罪犯、赃物的人或人家。

⑤ 打地洞：挖地道去盗窃。

⑥ 开天窗：通常指事情该做没做，事到临头出了状况。此处作"敛财抽头"之意。

拆字贯成句[1]

《归田琐记》[2]：前明陈循[3]忤权贵，被谪，同僚送行，因饯席说令。陈循曰："轰字三个车，余斗字成斜。车车车，远上寒山石径斜。"高榖[4]曰："品字三个口，水酉字成酒。口口口，劝君更尽一杯酒。"循自言曰："矗字三个直，黑出字成黜。直直直，焉往而不三黜[5]？"

【注释】

① 拆字贯成句：酒令的一种。规则是说一个字拆分，再说两个字合成一个字，最后将拆分出的字和合成的那个字贯以一句已有的诗文。

② 《归田琐记》：清梁章钜（1775—1849）撰，八卷，杂记扬州园林、医学验方、古今人物、典章制度等。

③ 陈循（1385—1462）：字德遵，号芳洲。江西泰和人。永乐十三年（1415）进士第一，授翰林修撰。明英宗复位，谪戍铁岭。著有《芳洲集》等。

④ 高榖（1391—1460）：字世用，扬州兴化（今属江苏）人。明永乐十三年（1415）进士，官中书舍人；景泰时，兼翰林学士，谨身殿大学士；英宗复位，辞官后病去。成化初年，赠太保，谥"文毅"。

⑤ 焉往而不三黜：到哪里去不会被多次贬官。语出《论语·微子》："柳下惠为士师，三黜。人曰：'子未可以去乎？'曰：'直道而事人，焉往而不三黜？'"

鸟名串四书曲文令

《两般秋雨庵随笔》[①]：陈眉公[②]在王荆石[③]家遇一宦。问荆石曰："此位何人？"曰："山人[④]。"宦曰："既是山人，何不到山里去？"盖讥其在贵人门下也。俄就席，宦出令曰："首要鸟名，中要四书二句，末要曲一句合意。"宦首举云："十姊妹[⑤]，嫁了八哥儿。八口之家，可以无饥矣。只是二女将谁靠。"眉公曰："画眉儿，嫁了白头翁。吾老矣，不能用也。孤[⑥]负了青春年少。"合座称赏。宦遂与订交焉。

【注释】

① 《两般秋雨庵随笔》：清梁绍壬撰，丛著杂纂类笔记，八卷。主要记载文学故事、诗文评述、风土名物等。

② 陈眉公（1558-1639）：即陈继儒，字仲醇，号眉公、麋公。华亭（今上海松江）人。由儒生而为隐士高人，明书画家、文学家。有《陈眉公全集》等。

③ 王荆石（1534-1611）：即王锡爵，字元驭，号荆石，苏州太仓（今苏州太仓）人。嘉靖四十一年（1562）中会元，后中榜眼。官至建极殿大学士、首辅。赠太保，谥"文肃"。有《王文肃公全集》。

④ 山人：隐士高人或与世无争的高人。

⑤ 十姊妹：一种鸟名，属燕雀目金腹科，体型娇小，性情温和。

⑥ 孤：同"辜"。

有名无实

《坚瓠集》：明末南都有妓，曰陈二，四书最熟，人称“四书陈二”。一日与诸名士同饮，共说口令，欲有此语无此事者。众皆引俗谚，二云：“缘木求鱼①。”众称赏。一少年故折之曰：“乡人守簖②者，皆横木于河中，而栖身于上以拽罾③，岂非有是事乎？”罚二。二饮讫，复云：“挟泰山以超北海④。”众竞叹赏之，少年卒无以难。

【注释】

① 缘木求鱼：爬上树去找鱼。语出《孟子·梁惠王上》：“以若所为求若所欲，犹缘木而求鱼也。”

② 簖（duàn）：拦河插在水里捕鱼蟹用的竹栅栏。

③ 罾（zēng）：古代一种用木棍或竹竿做支架的方形鱼网。

④ 挟泰山以超北海：夹着泰山跨越北海，比喻办不到的事。语出《孟子·梁惠王上》：“挟太山以超北海，语人曰：‘我不能’，是诚不能也。”

物名称谓令

《坚瓠集》：万历中，袁中郎[1]宏道令吴日，有江右[2]孝廉[3]某来谒，其弟为部郎[4]，与袁有年谊。置酒舟中饮之，招长邑令江绿萝盈科[5]同饮，将偕往游山。舟行之次，酒已半酣，客请主人发一口令。中郎见船头置一水桶，因云："要说一物，却影合一亲戚称谓，并一官衔。"指水桶云："此水桶，

【注释】

① 袁中郎（1568-1610）：即袁宏道，字中郎，号石公，明湖广公安（今湖北公安）人。明万历二十年（1592）进士，与兄袁宗道、弟袁中道并称"公安三袁"。袁宏道主张"独抒性灵，不拘格套"，世称"公安派"，有《袁中郎全集》。

② 江右：古指长江下游以西的地区。亦指江西。

③ 孝廉：汉武帝设立的察举考试，任用官员的一种科目，是"孝顺亲长，廉能正直"之意。明清时指举人。

④ 部郎：泛指六部中的官员。

⑤ 江盈科（1553-1605）：字进之，号绿萝山人。湖南桃源人，明万历二十年（1592）进士。晚明"公安派"成员之一。著有《雪涛阁集》《雪涛诗评》《谐史》等。

非水桶，乃是木员外的箍箍。”（吴人读哥音如箍，盖云哥哥也）盖谓孝廉为部郎之兄也。孝廉见舟中苕帚，因云：“此苕帚，非苕帚，乃是竹编修的埽埽（嫂嫂）。”时中郎之兄宗道、弟中道，皆为编修[⑥]也。绿萝属思间，见岸上有人捆束稻草，便云：“此稻草，非稻草，乃是柴把总的束束（叔叔）。”盖知孝廉原系军籍，有族子为武弁[⑦]也，于是三人相顾大笑。

【注释】

⑥ 编修：官名，始置于宋，主要负责文献修撰。明清属翰林院，一般以一甲二三名及庶吉士留馆者担任，无实职，正七品，仅次于修撰。与修撰、检讨同称为史官。

⑦ 武弁（biàn）：武官。

雅令

“四书[1]”数目令

限四书四字句，以数目字冠首，挨次说之。不得有两数字同在句内，如“三十而立”之类。犯者罚酒，不成者倍罚。

一人定国。

二女女焉。

三子者出。

【注释】

① 四书：指《大学》《中庸》《论语》《孟子》四本儒家经典。元、明、清科举考试的题目都出自“四书”，读书人耳熟能详，故能制为酒令。

读《大学》

自“大学之道”起，至“未之有也”止，各诵一字，遇“心”指“心”，遇“口”指口，天覆地载。（上一横如“而”字之类为“天覆”，不言而以手覆于胸前。下一横为“地载”，不言而以手承腹上。“正”字则兼天覆地载，不言而以两手相比也。）

勾股句读[1]（逢节句，逢句圈，逢读点），“之乎”“者”“也”，摇摇头；“然而”、“所以”，挥一手。误者罚。又法，逢落句，饮一杯。逢读，饮半杯。虽无罚酒，而亦可消数十杯。此则不拘何书，皆可诵也。

【注释】

① 句读：古人指文章休止和停顿处。语意完整的为“句”，语意未完可稍停顿的为“读”。书面上用圈和点来标记。

四声[1]令

何以报德

康子馈药

天下大悦

一品令

“四书”三字，须有三口字，不成者罚。

何谓善。

何谓信。

善哉问。

【注释】

① 四声：古汉语声调的四种分类，表示音节的高低变化，包括平声、上声、去声和入声。

“四书”连理令

“四书”两句，上句末字次句首字相同。

夫人不言，言必有中。

君子务本，本立而道生。

子见南子，子路不悦。

先生令

各举“四书”先生句。

先生以利说秦楚之王。

先生以仁义说秦楚之王。

先生馔。

“四书”贤否[1]回环令

君子泰而不骄，小人骄而不泰。

君子周而不比，小人比而不周。

君子和而不同，小人同而不和。

【注释】

① 贤否：好坏。

并头离合字令[1]

如保赤子，心诚求之。（恕字）

小德川流，大德敦化。（尖字）

一日暴之，十日寒之。（干字）

又上下离合格[2]

人有言。（信字）

有德此有人。（侑字）

人莫不饮食也。（他字）

附录

月移花影上阑干。（肝字）

山色空濛雨亦奇。（崎字）

利欲驱人万水牛。（犁字）

【注释】

① 并头离合字令：“离合”本是杂体诗名，即在诗句内取某字或其部分，再与另一字拼成新字，是文字游戏的一种。并头离合字令，即两句首字离合，拼成新字。

② 上下离合格：即上下离合令。将该句字首与尾字离合，拼成新字。

“四书”贯《西厢》

行乎富贵。（金莲蹴[1]损牡丹芽）

无适也，无莫也。（又不曾有甚）

无忘宾旅。（可怜我为人在客）

又贯《水浒》人名令

曾子曰唯。（鲁达）

日月逝矣。（时迁）

援之以手者。（顾大嫂）

诗句贯四书令

英姿飒爽来酣战，兵刃既接。

家家扶得醉人归，乡人饮酒。

奔流到海不复回，逝者如斯夫。

【注释】

① 蹴（cù）：踢、踏。

集美人名令

各书美人名为阄，依次拈之，得者集唐诗两句，将美人名分嵌句内，词气连属。佳者各贺一杯，不佳者罚一杯，不成者罚双杯。

（玉箫[①]）丁当玉佩三更雨，嬴女银箫空自怜。

（绿珠[②]）为我尊前横绿绮，偶然楼上卷珠帘。

（轻凤[③]）十幅轻绡围夜玉，凤凰双宿碧芙蓉。

【注释】

① 玉箫：唐时一女子。传闻唐韦皋还未做官时，住在江夏姜使君的馆舍，与侍婢玉箫有了私情，于是约为夫妇。韦皋回家探亲，没有按照约定的时间回来，于是玉箫绝食而死。事见唐范摅《云溪友议》。

② 绿珠：西晋石崇的宠妾，美艳、善吹笛。孙秀求之不得，于是假托诏令杀石崇，绿珠于是自坠楼而死。

③ 轻凤：唐时宫廷歌舞伎。《杜阳杂编》中载："宝历二年，浙东国贡舞女二人，一曰飞鸾，二曰轻凤。修眉黟首，兰气融冶。……上更琢玉芙蓉以为二女歌舞台，每歌声一发，如鸾凤之音，百鸟莫不翔集其上。……上令内人藏之金屋宝帐，盖恐风日所侵故也。"

数目诗

各诵古诗，以数目字飞觞。

多者为佳，仅有一数目字者罚。

花面鸦头十三四。

南朝四百八十寺。

一二三四五六七。

玉人诗

各诵古人诗，须有“玉”、“人”两字，依次轮说。

玉楼人醉杏花天[1]。

玉人何处教吹箫。

小玉惊人踏破裙。

【注释】

① 玉楼人醉杏花天：明冯梦龙《古今谭概·机警部·陈君佐》中有载：陈君佐从上游苑中，“上停马，命随口作一诗。即呈曰：‘君王停马要诗篇，杜甫诗中借一联：金勒马嘶芳草地，玉楼人醉杏花天。’”。疑为杜甫所作。

《饮中八仙歌》①令

将歌顺数，一人一字，遇口字一杯，遇酒字一大杯，遇水酉偏旁、杯觞饮斗等字半杯，遇钩剔所向为左右转，遇转不转者罚一杯。

知（口一杯）章骑（口一杯，钩左转）马似乘船（口一杯，剔右转），眼花落（口一杯，水半杯）井水（水半杯，钩左转）底（剔右转）眠。汝（水半杯）阳（钩左转）三斗（斗半杯）始（口一杯）朝天，道逢曲车口（一杯）流（水半杯，剔右转）涎（水半杯）。恨不移（钩左转）封向（口一杯）酒（一大杯）泉（水半杯）。左相日兴（口一杯）费万钱（剔右转），饮（半杯）如（口一杯）长鲸（口一杯，钩左转）吸（口一杯）百川，衔杯（半杯）乐圣（聖）（口一杯）称避（口一杯）

【注释】

①《饮中八仙歌》：唐杜甫作于天宝五载（746）四月后不久。其时李白与贺知章、李适之、李琎、崔宗之、苏晋、张旭、焦遂八人都很爱饮酒，被称为“酒中八仙人”。

贤。宗之潇（水半杯）洒（灑）（水半杯，剔右转）美少年，举觞（半杯，钩左转）白眼（剔右转）望青（钩左转）天，皎如（口一杯）玉树（口一杯）临（臨）（三口三杯）风（剔右转）前（钩左转）。苏晋长斋绣佛前，醉（酉半杯）中往往爱逃（剔右转）禅（禪）（二口二杯）。李（钩左转）白斗（半杯）酒（一大杯）诗（詩）（口一杯）百篇，长（剔右转）安市上酒（一大杯）家（钩左转）眠（剔右转）。天子（钩左转）呼（口一杯）来不上船（口一杯，钩左转），自称（钩左转）臣是酒（一大杯）中仙。张（剔右转）旭三杯（半杯）草圣（聖）（口一杯）传（钩左转），脱（口一杯，剔右转）帽（钩左转）露（二口二杯）顶王公前。挥毫（口一杯，剔右转）落（口一杯，水半杯）纸如（口一杯）云烟。焦遂（钩左转）五斗（半杯）方卓然，高（二口二杯）谈（談）（口一杯）雄辩（辯）（口一杯）惊（口一杯）四筵。

诗切官名

百千万里尽传名（同知[①]）

红袖添香夜读书（侍郎[②]）

群书已熟无人似（博士[③]）

车马诗

诵古诗一句，内有“车”、“马”二字飞觞。

漫劳车马驻江干。

门前冷落车马稀。

云为车兮风为马。

【注释】

① 同知：古代官名。宋初，枢密院有同知枢密院事，简称同知院，为知院的副职。明清时期，为知府的副职。

② 侍郎：古代官名。汉代为宫廷近侍。唐以后，三省六部均以侍郎为长官之副，官位渐高。

③ 博士：古代官名，专掌经学传授的学官。六国时有博士，秦沿袭，唐有太学博士、算学博士等，皆为教授的学官。明清也有设立，但稍有不同。

乐器诗

诵古诗一句，内有乐器名飞觞。有明有暗，令官临时酌定。

锦瑟[1]无端五十弦。

欲饮琵琶[2]马上催。

可怜锦瑟筝[3]琵琶。（此皆明者）

二十五弦[4]弹夜月。

斜抱云和[5]深见月。

为我尊前横绿绮[6]。（皆暗者）

【注释】

① 锦瑟：乐器名。装饰华美的瑟。瑟，弦乐器，似琴。长近三米，古有五十根弦，后为二十五根或十六根弦，平放演奏。

② 琵琶：乐器名。弹拨乐器，木质，音箱呈半梨型，四弦或五弦。演奏时竖抱，左手按弦，右手五指弹奏。

③ 筝：弦乐器，木制长形。古代多为十三或十六弦，现为二十五弦。

④ 二十五弦：代指瑟。典出《庄子·徐无鬼》："于是为之调瑟……夫或改调一弦，于五音无当也，鼓之，二十五弦皆动。"《史记》卷二十八《封禅书》也有载："或曰：'太帝使素女鼓五十弦瑟，悲，帝禁不止，故破其瑟为二十五弦。'"

⑤ 云和：代指古代琴瑟一类乐器。云和，山名，其上产适合做琴瑟等弦乐器的木材。

⑥ 绿绮：代指古琴。汉司马相如得一琴名"绿绮"，后为古琴别称。

寿字诗

诵古诗一句，以“寿”字飞觞，却不得犯“寿”字本义，误者罚。

薛王沉醉寿王①醒。

行人独上寿阳楼②。

堕云孙寿③有余香。

【注释】

① 寿王：古代封爵之一，此处指唐玄宗第十八子李瑁。

② 寿阳楼：寿春（今安徽寿县）的城楼。东晋改名寿阳。八公山在寿县北，淝水经此入淮河。公元383年，东晋谢安、谢玄以八万精兵大败苻坚八十万人于此。

③ 孙寿：人名。东汉权臣梁冀之妻，色美而善作愁眉、啼妆、坠马髻、折腰步、龋齿笑等。

诗句聚讼[1]

黄梅时节家家雨，梅子黄时日日晴，只是熟梅天气半晴阴。

杜鹃枝上月三更，子规啼彻四更时，只是子规夜半犹啼血。

故遣寒梅第一开，无数梅花落野桥，只是林寒疏蕊半开落。

【注释】

① 聚讼：众人争辩，是非难定。

诗句干[1]例禁[2]

春宵一刻值千金。（高抬市价）

夜半钟声到客船。（私渡关津[3]）

紫薇花[4]对紫薇郎[5]。（同姓为婚）

诗分真假

门泊东吴万里船。（真船）

花开十丈藕如船。（假船）

葡萄美酒夜光杯。（真酒）

寒夜客来茶当酒。（假酒）

经雨不随山鸟散。（真雨）

休将云雨下山来。（假雨）

【注释】

① 干：触犯、冒犯。

② 例禁：条例中所明令禁止的事情。

③ 关津：设在关口和渡口的关卡。

④ 紫薇花：花名，有百日红之称。唐时长安宫廷中多有栽种。

⑤ 紫薇郎：唐开元元年改中书省为紫微省，中书令为紫微令，侍郎为紫微郎，亦作紫薇郎。

改字诗令

将古诗读错一字，另引一句诗解之。不工者罚一杯，不成者罚双杯。

少小离家老二回（明是老大，何云老二？）只因老大嫁作商人妇。

菜花依旧笑春风（明是桃花，何云菜花？）只因桃花净尽菜花开。

旧时王谢堂前花（明是燕，何云花？）只因红燕自归花自开。

加倍令

各诵古人句，将数目字改加一倍，须有理致，不合者罚。

江城十月落梅花。

芳筵银烛两相见。

花下偶然吹两曲。

诗句贯曲牌[1]名

有约不来过夜半。【误佳期】

多少工夫织得成。【十段锦】

梦魂摇曳橹声中。【夜行船】

同色离合字令

同色茶与酒，吕字两个口。饮茶小口，饮酒大口。

同色梅与雪，朋字两个月。赏梅邀月，赏雪邀月。

同色妻与妾，多字两个夕。妻当一夕，妾当一夕。

【注释】

① 曲牌：传统填词制谱用的曲调调名的统称。曲牌名来源不一，多以地名、曲牌节拍、节奏特点、乐曲曲式或来源等命名。此处所引的【误佳期】【十段锦】【夜行船】都是曲牌名。

古文贯串令

古文一句，唐诗一句，接骨牌[①]名曲牌名，末以时宪书[②]一句足之，一气贯串。又酒底举一花名，须或鸟或虫，与花同名，再说古诗一句映合。

我张吾三军，电闪旌旗日月高，好一个将军挂印，回去朝天子，宜上表章。（酒底）杜鹃花，声声啼血向花枝。

扬眉吐气，华堂今日绮筵开，摆列了锦屏风，与那好姐姐，宜结婚姻。（酒底）蝴蝶花，等闲飞上别枝花。

夏之兴也，五时花向帐前施，扮出个钟馗抹额，划了混江龙船，宜用午时。（酒底）双鸾菊，相思树上合欢枝。

【注释】

① 骨牌：又叫牙牌、牌九、天九。古代民间的一种娱乐工具，各色成套，点色都有名称，即牙牌名。

② 时宪书：即历书。

词牌合字令

木兰花，卜算子，早梅芳。（棹）

月下笛，西地锦，女冠子。（腰）

金缕曲，小秦王，月中行。（销）

骨牌名贯诗

临老入花丛，将谓偷闲学少年。

紫燕穿帘，飞入寻常百姓家。

观灯十五，六鳌①海上驾山来。

花非花令

灯花。

雪花。

浪花。

【注释】

① 鳌（áo）：传说中海里的大龟或大鳖。

花木脱胎令

说花名，不得有草头木旁，又须不可加以花字，误者罚。

夜来香。

映山红。

翦秋罗。

斗草令

合席各认门类，如天文、时令、颜色、数目、珍宝之类，以花草字为经，出两字对，令合席对之。假如天文门出“月桂”，或对“风兰”、或对“天花”之类。次至时令，出“麦秋”，或对“华夏”之类。又次至颜色门，出“青萍”，或对“绛树[1]”之类。评定甲乙，总宜平仄调叶，裁对新颖。又有以花草名为对者，搜罗易尽，未若此之生动也。

更有各认门类，隔一座回环互对者。假如天隔一座为地理，又隔一座为珍宝。认天文者出“天山”二字，使认地理者对，又出“天球”二字，使认珍宝者对。既对后，地理者出“海月”，使天文者还对，珍宝者亦出“珠露”，使天文者还对。地理又出“水玉”，使珍宝者对。珍宝亦出“金谷”，使地理者对。似此分朋相角，各举所知，亦一法也。属对均以纸煤[2]二寸为限，迟者罚，对不就者倍罚。

【注释】

① 绛（jiàng）：赤色、火红。

② 纸煤：纸捻子，用草纸捻成的细绳，点着后一吹即燃，用于引火。

双骰[1]像形令

此令用双骰递摇。么为月，二为星，三为雁，四为人，五为梅，六为天。如摇得“么”“二”，即是一“月”一“星”，无论诗词曲一句两句，总须贯串。佳者合席贺一杯，不佳罚一杯，不成者罚双杯。假如“么”“二”，不可先言“星”，后言“月”，误者罚一杯。

（么四）今夜月明人尽望。

（三四）雁横南浦，人倚西楼。

（四六）隔花人远天涯近。

【注释】

① 骰（tóu）：即骰子，骨制的赌具，正方形，用手抛，看落下后最上面的点数。俗称“色（shǎi）子”。

围中字接四书

国字中有或。或生而知之，或学而知之。

田字中有十。十目所视，十手所指。

固字中有古。古之人，古之人。

推字换形

木在口内为困，推木在上成杏。

十在口内为田，推十往右成叶。

禾在口内为囷[1]，推禾往左成和。

【注释】

① 囷（qūn）：古代的圆形谷仓。

字体象形兼筋斗令

"甘"字像铯子，一筋斗成"丹"字。

"苗"字像猫脸，一筋斗成"畀[1]"字。

"下"字像李仙[2]拐杖，一筋斗成"上"字。

字体抽梁换柱令

"军"字取出中间竖柱，搓作一团，放在顶上，变成"宣"字。

"犬"字取出中间横梁，搓作一团，放在左边，变成"火"字。

"有"字取出上面横梁，折叠短了，放在下面，变成"自"字。

【注释】

① 畀（bì）：给予。

② 李仙：即铁拐李，道教八仙之一。

离合同音

有卜姓者，举令曰："两火为炎，此非盐酱之盐。既非盐酱之盐，如何添水便淡？"一人曰："两日为昌，此非娼女之娼。既非娼女与娼，如何开口便唱？"一人还令曰："两土为圭，此非龟鳖之龟。既非龟鳖之龟，如何来卜成卦[①]？"

【注释】

① 来卜成卦：指龟卜，古时以烧龟甲来卜吉凶。

姓名相戏令

（似是明人之令，应归古令，缘不记出何书，姑录于此）

有张更生者，与李千里同饮，相谑。李举令曰："古有刘更生[1]，今有张更生，手中一本《金刚经》[2]，不知是胎生，是卵生，是湿生、化生[3]？"张曰："古

【注释】

① 刘更生：即西汉刘向。见前注。

②《金刚经》：佛教重要经典，鸠摩罗什的译本名为《金刚般若波罗蜜经》。

③ 胎生、卵生、湿生、化生：佛教认为有情众生的四种生命型态。湿生就是依靠水分就能生长出来的生物，如蟋蟀、飞蛾、蚊虫 、蠓蚋、麻生虫等，属借因缘而生；化生即不用依靠任何物质而生的生物，比如谷物放久了，就自然长出虫来，这种虫即为化生，属由业力而生。

有赵千里[4]，今有李千里，手中一本《刑法志》[5]，不知是二千里，是二千五百里，是三千里[6]？”

【注释】

④ 赵千里（1127-1162）：名伯驹，宗室，宋太祖七世孙。南宋画家，擅画金碧山水。

⑤ 《刑法志》：中国古代第一部法律史著作,中国纪传体史书篇目名,志书的一种记载封建王朝法律和司法制度的重要史料。始创于东汉著名史学家班固（32-92）的《汉书》，此后各纪传体断代史多相沿用。

⑥ 二千里、二千五百里、三千里：古代流刑，根据罪行的严重程度，决定流放地距离京畿的远近。

女儿令[1]

此令有数种行法，如“女儿愁，悔教夫婿觅封侯”之类，一法也。凡女儿之性情、言动、举止、执事[2]皆可言之，下七字用成句更妙。又法，用经史子集、文、骚、诗赋、词曲挨坐顺行之，亦一法也。又尝与同人[3]试行，两字用美人名，挨坐顺行一周，三字用曲牌名，顺行一周，四字用戏名，五字用五古，六字用词牌，七字用唐诗，八字用词，九字用曲。每加一字，通席遍行一周，则行之颇久，乃此令之变也。

【注释】

① 女儿令：《红楼梦》第二十八回，贾宝玉提议行女儿令：“如今要说悲、愁、喜、乐四字，都要说出女儿来，还要注明这四字原故。说完了，饮门杯。酒面要唱一个新鲜时样曲子，酒底要席上生风一样东西，或古诗、旧对、四书五经成语。”之后贾宝玉先行令曰：“女儿悲，青春已大守空闺。女儿愁，悔教夫婿觅封侯。女儿喜，对镜晨妆颜色美。女儿乐，秋千架上春衫薄。”

② 执事：从事的工作、主管的事。

③ 同人：即同仁，同事。也指志同道合的人。

女儿悲，横卧乌龙[4]作妒媒。

女儿欢，花须终发月须圆。

女儿离，化作鸳鸯一只飞。（此旧法）

女儿夸，颜如舜华[5]。

女儿权，政不出房户，天下晏然。

女儿色，知其白。（又一法）

女儿歌，韩娥[6]。

女儿听，莺莺。

女儿文，左芬[7]。

女儿腰，步步娇。

女儿悲，懒画眉。

【注释】

④ 乌龙：代指家犬。出自晋陶渊明《搜神后记》卷九。常用作衬托男女欢会的典故。

⑤ 颜如舜华：出自《诗经·郑风·有女同车》。舜华，木槿花。

⑥ 韩娥：战国时期歌女。《列子》载：“昔韩娥东之齐，匮粮，过雍门，鬻歌假食，既去而余音绕梁欐，三日不绝。”

⑦ 左芬：西晋才女，其兄为左思，兄妹皆有才名。事迹见《晋书·卷三十一》。

女儿归，鲍老催。

女儿灾，花报瑶台。

女儿冤，卖子投渊。

女儿供，佳期拷红。

女儿布，故人工织素。

女儿裳，文采双鸳鸯。

女儿香，随风远飘扬。

女儿叹，潇湘逢故人慢[⑧]。

女儿习，霓裳中序第一[⑨]。

女儿娇，鬓云松[⑩]，系裙腰[⑪]。

女儿妆，满身兰麝扑人香。

女儿家，绿杨深巷马头斜。

【注释】

⑧ 潇湘逢故人慢：词牌名。调见《花庵词选》，创制者及调名典故不详。

⑨ 霓裳中序第一：词牌名，南宋姜夔所填《商调·霓裳曲》的中序部分。

⑩ 鬓云松：即鬓云松令，词牌名。《清平初选后集》等作“苏幕遮”。

⑪ 系裙腰：词牌名。调见北宋张先《张子野词》。

女儿媚，桃叶桃根[12]双姊妹。

女儿乐，花匣么弦，象奁双陆[13]。

女儿娇，鬓丝湿雾，扇锦翻桃。

女儿寄，罗绶[14]分香，翠绡封泪[15]。

女儿怨，选名门，一例里神仙眷。

女儿闷，登临又不快，闲行又困。

女儿诗，原来是走霜毫[16]，不构思。

【注释】

⑫ 桃叶桃根：桃叶为晋代王献之的侍妾名，桃根是其妹名。古乐府诗有《桃叶歌》：“桃叶复桃叶，桃根连桃根。相怜两事乐，独使我殷勤。”

⑬ 花匣么弦，象奁双陆：花匣，描花或镂花的匣子。么（yāo）弦，琵琶的第四弦，因其最细，故称么弦，“么”通“幺”。象奁，用象牙制成或镶饰着象牙的镜匣。双陆，古博戏。

⑭ 罗绶：罗带，丝带。情人分别，赠香罗带。

⑮ 翠绡封泪：绿丝帕沾着泪痕寄与情人。

⑯ 霜毫：白色羊毫笔。

通令

遇缺即升令

大小六套杯，空置盘中。以一骰递摇，如得么则斟么，又得三则斟三，又得二则斟二、饮三，为遇缺即升。又得五则斟五，又得三则斟三、饮五，为越级飞升。缘三四皆空杯也。又得六则斟六、饮么，为得一品诰封，下轮免摇。设么二皆有酒，摇得么二，皆不饮，无缺故也。余可类推。设么有酒，五六皆空，得五则斟五、饮么，为加级请封，下轮亦免摇。以坐中均得一品为毕令。

状元游街令

五小杯一大杯，空置盘中。以大杯为四，为状元杯，余杯亦依次排定。取一骰递摇，得么则斟么，下坐再得么则饮么。饮者又摇，如得四斟四，下坐再得四，饮者为状元。余杯无酒者，不须更摇。状元打通关为游街，毕令。设饮状元杯之后，或么二杯尚有酒，则状元再摇，倘得么则又饮，再摇得二则又饮。余杯无酒，然后游街，或摇之点本系空杯者，免斟。下坐接摇，务得么二饮尽后，仍请状元游街。

一色令

一骰递摇，得么者上手饮，二下手饮，三与顺数第三坐者猜三拳，四自饮，五顺数至第五饮，六与顺数第六位者猜六拳。行一巡或行二巡收令。

探花令

令官为探花使，以一骰摇点，揭示坐客。次坐接摇，点同为他人得花，罚探花使一杯，不同则自饮一杯，送次坐摇。

猜点令

令官摇二骰，合席人猜点数。不中自饮，中则令官饮巨杯。

卖酒令

令官斟一巨杯，合席以二骰递摇，有么者买一杯，无则否，所余令官自饮。

赶羊令

三骰递摇，令官与合席比点数，点少者饮。

连中三元[1]

以么为元，用三骰连摇三次，俱有么者为三元，应试者饮。如一摇两摇已有三么者，不须再摇。倘三摇无么，或仅一二么，则摇者自饮，送次坐接摇。

长命富贵令

六为长命，五为富，四为贵。六骰递摇，四五六全者，合席皆饮。如止有四五、而无六，谓须添寿，无四曰添贵，无五曰添富，即将余骰么五、二四、两三之类合成，送下首饮。如四五六有重者，送上首饮，余骰合数不成，则摇者自饮。

【注释】

① 三元：科举考试中的乡试、会试和殿试的第一名，分别称“解元”、“会元”和“状元”。连中三元是指三级考试都获得第一名。

一路功名到白头

六骰递摇。初摇取出么，无么罚一杯，么多亦罚。次取二，次取三，以迄于六。或无或多皆饮，成顺不同完令。

摆擂台令

自饮巨杯高坐，有来拇战者，照饮巨杯。开拳，负则退，亦有负后再饮重战者，应听其便。擂台负者，让位，胜者坐，听人攻击。如果纷纷败去，无敢索战者，对擂完令。

五行生克[1]令

大指为金，食指为木，中指为水，无名指为火，小指为土。分胜负则金克木，木克土，土克水，水克火，火克金。

五毒令

大指为虾蟆，食指为蛇，中指为蜈蚣，无名指为蝎虎，小指为蜘蛛。分胜负则蜘蛛吃蝎虎，蝎虎吃蜈蚣，蜈蚣吃蛇，蛇吃虾蟆，虾蟆吃蜘蛛。

一字清不倒旗拳

自一至十，只叫单字，不得叫一品十全之类，是为一字清。

以肘置桌，直竖其臂，不得倾欹，是为不倒旗。误者均罚。

【注释】

① 五行生克：五行学说术语。五行指金、木、水、火、土五种物质。相生指互相促进，如木生火，火生土，土生金，金生水，水生木；相克指互相克害、犯冲，如水克火，火克金，金克木，木克土，土克水。

抢三筹令

一巨觞，架三筹于上。甲胜一拳，即取一筹，如乙亦胜，即将甲取之筹夺回，以三筹全得为胜。

三拳两胜令

酒一巨觞，两负者饮。

抬轿令

三家出指，而不作声，两手相同，为抬轿，其不同者饮酒。

过桥拳

须以套杯排列，大者为桥顶，两头渐由而小，彼此猜拳。由小者拾级而上，至桥顶以次而下，皆斟满酒，负者取饮。

开当铺令

取一酒海[①]，贮酒满中，凡来当者，巨觞小盏，取挹[②]于海。与铺主猜拳，败则自饮，胜则还酒于海，以空瓯另斟，令铺主饮之。亦有即当一海者，铺主可与人合股，铺主既醉，不能添本，谓之停当。无人再当，谓之收铺。拇战雷阵，酒阵雨骤，虽豪而粗，类于浇灌取尽，非佳令也。

【注释】

① 酒海：一种大型的盛酒容器。

② 挹（yì）：舀，把液体盛出来。

猜子令

手握一子，或有或无，令人猜之，即古之藏钩也。今以瓜子三枚，花生二枚，为三红两白，分握两手，随意出一拳与人猜，先猜双单，后猜几枚，三猜红白，谓之五子。三猜两手不空。

假如拳握瓜子三枚，猜者云是双，则不中矣，饮一杯。单数非一即三，如猜三则中，出拳者饮一杯。又猜两红一白，不中再饮一杯，连作三次为度。

又合席各人随意握几子，猜定单双，总筭[1]得若干，负者各饮，亦一法也。

【注释】

① 筭（suàn）：同“算”。

猜花令

先将坐客匀配酒量，分作两曹，用套杯十枚，覆于盘内。上曹暗藏一花于杯中，使下曹猜揭，所揭空杯，皆下曹分饮；揭得有花，并余杯皆上曹分饮。有一索即得者，有揭九杯而不得者，谓之全盘不出，盘仍归上曹藏花送猜。如非全盘，则归下曹藏花送猜矣。

揭彩令（即贴翠令）

从六数起，至三十六止，将空杯书数于内，覆之，只许六数随意送人，接者任加若干数转送。倘仍送还令官，令官只能加一数送人，如所送之数与杯内相符，谓之得彩（一云脆，又云翠），饮一大杯。倘所加之数已过杯内之数，则送者与接者照所过之数猜若干拳。

武揭彩令

书数、覆杯、六数、送次坐，均与上同。惟接者须挨坐顺数，只能加一数或半数转送，不得多加。还至令官，令官仅能加半数顺送，此一不同也。得五数十数者，皆饮一杯，谓之“上衙门”。逢三六九，觅人猜拳，如所逢之数，谓之“开操”，此二不同。数符得彩，亦与上同。

渔翁下网令

一为鲥①，二为鲭②，三为鲤，四为鳜③。自一至四止，座客随意握几子。为渔翁者先饮一杯撒网，声言网某鱼，如言鲭鱼，凡握两子者，皆饮一杯而退。余客须挨次钓之。如向次坐钓鲤，客果三子，亦饮一杯而退。倘云非是，渔翁饮一杯。重钓鲥鱼，客果一子，亦饮一杯而退。倘又非是，则渔翁连饮二杯，收纶④别钓。下至他客，亦复如是，钓毕收令。当撒网时，设竟一网全空，罚渔翁一杯。挨次遍钓，或竟一网全获，各饮一杯，渔翁亦贺一杯，再下一网。

【注释】

① 鲥（shí）：一种名贵的食用鱼。明何景明《鲥鱼》诗："银鳞细骨堪怜汝，玉箸金盘敢望传。"

② 鲭（qīng）：即青鱼。清方文《品鱼·中品·鲭》："鲭，即青鱼也，状似鲩，而背青色。南方多以作鱼生，古人所谓武侯鲭，即此。"

③ 鳜（guì）：亦作"桂鱼"，味鲜美。唐张志和《渔歌子》："西塞山前白鹭飞，桃花流水鳜鱼肥。"

④ 纶：钓鱼用的线。

羯鼓[1]催花令（即击鼓传花令）

令官折花在手，使人于屏后击鼓，长短疾徐听其便。令官左手折花，由脑后递于右手，交与下家左手，如式传递。鼓声忽止，花在手者饮。饮毕传呼起鼓如前。大约坐客几人，以饮几巡为率。本应右旋，中间忽尔左旋亦可。更有客既饮酒，自起伐鼓，后有饮者更替。亦一法也。

红旗报捷令

以香棍燃火，左右手传语次坐，略如传花令，惟应迅速，不由脑后，不许倒传，为小异耳。火息则饮，至策动，饮者更作。

【注释】

① 羯（jié）鼓：乐器名。状似小鼓，两面蒙皮，均可击打。“羯鼓催花”典出《羯鼓录》，书中载唐玄宗好羯鼓，自制《春光好》一曲，临窗击鼓而正好庭中杏花开放。

独行令

令官作一绝技，如舌能自舐[①] 其鼻之类，不能者饮。虽能作而他客亦能作者，仍饮。

回环令

甲乙丙丁戊己庚辛壬癸，癸壬辛庚己戊丁丙乙甲，连说三次，误者罚。

说笑话

须对景，便觉可笑。人或不笑，说者自饮。

【注释】

① 舐（shì）：舔。

泥塑令

令官宣明泥塑，合席不得言动，若土偶[1]然。以纸煤二寸为度，有笑者、言动者，皆罚。无则自饮。令官须监察合席，不能在泥塑例。

【注释】

① 土偶：用泥土塑成的人像或神像。

数节气[1]令

自立春雨水起，至大寒止，挨坐顺数，亦许连说两节气，误则罚酒，从头再数。

【注释】

① 节气：古代订立的用来指导农事的补充历法。一年分二十四节气，顺序为：立春、雨水、惊蛰、春分、清明、谷雨、立夏、小满、芒种、夏至、小暑、大暑、立秋、处暑、白露、秋分、寒露、霜降、立冬、小雪、大雪、冬至、小寒、大寒。

数干支[1]令

自甲子乙丑起，至癸亥止，挨坐顺数。过本年之干，拍桌上；支，拍桌下，遇本年太岁[2]，上下齐拍，仍饮一杯。

拍七令

从一数起，至四十九止，挨坐顺数，明七拍桌上，暗七拍桌下，误者罚。此旧法也。暗七如十四、二十一之类。

近见行此令者，有“明七拍桌，暗七笑，逢五逢十打一炮”之法。又有左手拍，则左邻接，右手拍则右邻接，误者罚。皆所谓变本加厉也。

【注释】

① 干支：天干地支的合称。以十天干和十二地支循环相配，可成甲子、乙丑、丙寅等六十组，称为“六十花甲子”。古代用来表示年、月、日的次序。

② 本年太岁：即本年的干支。

钟声令

挨坐学钟声，至一百八声止，明九拍桌上，暗九拍桌下，误者罚。

过年

议明大年小年[1]，自初一日起，各说一日，或二日。大年以得三十日者为胜，小年则以二十九日胜。

【注释】

① 大年小年：农历十二月是三十天的年份为大年，农历十二月是二十九天的年份为小年。

一去二三里[1]令

令官说“一”字，次坐说“去”字，又次说“二”字。又次再说“二”字，次三人俱说“三”字，次方说“里”字。挨说至“十枝花”为止。“十”字则须轮说十坐也，误者罚酒重说。

云淡风轻[1]令

令官言“云”字，次坐言“淡风”，又次坐言“轻近午”，以次递加，至七字。又接“云”字，迟者、误者皆罚。

【注释】

① 一去二三里：出自宋邵雍《一去二三里》（又名《山村咏怀》）：“一去二三里，烟村四五家。亭台六七座，八九十枝花。”

② 云淡风轻：宋程颢《春日偶成》：“云淡风轻近午天，傍花随柳过前川。时人不识余心乐，将谓偷闲学少年。”

飞禽择木令

各说树名，桃、李、梅、杏之类，令官宣言：“一个鸟儿飞往李树上去了。”认李者忙应“飞往杏树上去了。”随意可飞，应迟者饮酒。

哑乐令（又名无声乐）

各认乐器，两手作奏乐之势。令官打鼓，各先将鼓绳自挂项上，两手作击鼓势。忽将鼓绳除下，随意学他人所奏之乐，其人赶挂鼓绳击鼓，如或不觉，或忘除鼓绳、忘挂鼓绳者，皆罚一杯。

五官搬家令（又名“错里错”）

假如令官问人：“眼睛在那里？”忙将手指而应曰：“鼻子在这里。”其所指或口或耳或眉，皆可。如指眼指鼻者罚。因令官所问眼，己所答鼻也。连问三次，答者还问三次，再问次坐。

摇船令

令官把酒一杯，宣言曰："一个船儿慢慢摇，一摇两摇（把杯作摇势）摇到三江四海五湖口（至"口"字杯不到口者罚），一口吸尽西江水（举杯饮干,作两口干者罚）。杯悬无滴沥(悬杯滴酒者罚)，花落不闻声（覆杯在案，有声者罚），姑苏城外寒山寺，夜半钟声到客船。谓余不信，请听橹声（以指擦杯作声，不响者罚）。"宣毕，交次坐照作。

规矩[1]令

左手画圆，右手画方。一时并举。左邻监视左手，右邻监视右手，误者举发饮酒。扶同[2]者坐。

【注释】

① 规矩：规，画圆的工具；矩，画直角或方形的工具。

② 扶同：符合。

筹令

唐诗酒筹[1]

玉颜不及寒鸦色　（面黑者饮）
人面不知何处去　（须多者饮）
焉能辨我是雄雌　（无须者饮）
独看松上雪纷纷　（须白者饮）
压扁佳人缠臂金[2]　（肥者饮）
相逢应觉声容似　（近视者饮）
愿为明镜分娇面　（带眼镜者饮）
此时相望不相闻　（耳聋者饮）
可能无碍是团圆　（大腹者饮）
鸳鸯可羡头俱白　（年高者对饮）

【注释】

① 酒筹：饮酒时用以行令的筹子。把酒令写在竹制或木制的酒筹上，众人抽签，抽到酒筹的人依照筹上的酒令规定饮酒。唐诗酒筹不限于唐诗，也有宋诗或曲词，七言即可。酒令与诗相贯串，多为曲解、调侃，故趣味横生。因此酒令意会即可，不须全译。

② 缠臂金：又名“约臂”“金缠”“臂钏”，金质的女子臂饰，在宋代颇为流行。

仙人掌[③]上雨初晴　（净手[④]者饮）
马思边草拳毛动　（拂须者饮）
人面桃花相映红　（面赤者饮）
尚留一半与人看　（戴眼镜者饮）
麤[⑤]沙大石相磨治　（大麻[⑥]者饮）
斯须改变成苍狗　（衣貂者饮）
倾城最爱著戎衣　（缺襟袍饮）
无因得见玉纤纤　（袖不卷者饮）
莫窃香来带累人　（佩香者与左右座同饮）
与君便是鸳鸯侣　（并坐饮）
养在深闺人未识　（初会者饮）
谁得其皮与其骨　（吃菜者饮）

【注释】

③ 仙人掌：此处指华山东峰。相传巨灵神到华山手擘足踏，分华山和首阳山，留下掌足之迹。

④ 净手：洗手，或如厕的婉辞。

⑤ 麤（cū）：同“粗”。

⑥ 麻：麻子，面部痘瘢。

巫云楚雨遥相接　（同居者饮）

当垆仍是卓文君[7]　（手奉合席）

仿佛还应露指尖　（随意猜拳）

掠面惊沙寒霎霎　（喷嚏者饮）

情多最恨花无语　（不言者饮）

不许流莺声乱啼　（问者即饮）

无心之物尚如此　（取耳[8]剔牙者饮）

词中有誓两心知　（耳语者各一杯）

千呼万唤始出来　（后至者三杯）

年来老干都生菌　（有孙者饮）

世间怪事那有此　（不惧内者饮）

世上而今半是君　（惧内者饮）

【注释】

⑦ 卓文君（前175-前121）：西汉临邛（今四川邛崃）人，曾与司马相如私奔，当垆卖酒。

⑧ 取耳：挖除耳垢。

莫道人间总不知　（惧内不认者饮）

若问傍人那得知　（妻贤者饮）

天生旧物不如新　（续弦[⑨]者饮）

未知肝胆向谁是　（有妾者饮）

翻手为云覆手雨　（鳏居[⑩]者饮）

丈夫好新多异心　（有美仆者饮）

云雨巫山枉断肠　（爱旦[⑪]者饮）

犹堪一战立功勋　（中年未有子者饮）

令人悔作衣冠客　（端坐者饮）

西楼望月几时圆　（将婚者饮）

坐间恐有断肠人　（貌美者饮）

水光风力俱相怯　（老年娶妾者饮）

【注释】

⑨ 续弦：指妻子死后再娶。古代常以琴瑟比喻夫妇，故称丧妻为“断弦”，再娶为“续弦”。

⑩ 鳏（guān）居：独身无妻室。

⑪ 旦：戏曲表演行当中女性角色的统称。

暗中惟觉绣鞋香　（著鞋者饮）

树头树底觅残红　（新婚者饮）

颠狂柳絮随风舞　（起坐不常者饮）

词源倒流三峡水　（小遗[12]者饮）

何人种向情田里　（生子者饮）

二水中分白鹭洲　（茶酒并列者饮）

何人倚剑白云天　（佩刀者饮）

世事回环不可测　（随意飞送，受者免，辞者饮）

平头[13]奴子摇大扇　（打扇者饮）

沉醉何妨一榻眠　（有酒容[14]者饮）

隔墙闻打气球声　（泄气[15]者饮）

中原得鹿不由人　（拳胜者饮）

【注释】

⑫ 小遗：小便。

⑬ 平头：代指奴仆。明汤显祖《紫钗记·回求马仆》："好教你垂鞭接马玉童扶，衣箱别有平头护。"

⑭ 酒容：酒后有醉容。

⑮ 泄气：放屁。

乱杀平人[16]不怕天　（医者饮）

无人不道看花回　（合席公举妻美者饮）

由来此货称难得　（状元饮）

眼中人是面前人　（榜眼饮）

只应偏照两人心　（探花饮）

㶉鶒[17]不知人意懒　（编修饮）

时时闻唤状元声　（会元饮）

皇恩只许住三年　（庶常[18]饮）

脉脉无言几度春　（科道[19]饮）

佳节每从愁里过　（京官及外官试用者饮）

人事音书漫寂寥　外任[20]饮

【注释】

⑯ 平人：平民百姓。

⑰ 㶉鶒（xì chì）：古书中鸳鸯一类的水鸟。

⑱ 庶常：即庶吉士。明清两代，从进士中择优选取进入翰林院学习，称之“选馆”，在下次会试前考核，称之“散馆”，成绩优异者留任翰林，授编修或检讨，称“留馆”，其他分派六部或地方为官。

⑲ 科道：明清六科给事中与都察院十三道监察御史的总称，俗称“两衙门”。

⑳ 外任：旧指在京城以外的地方做官。

此中兼有上天梯　　行走[21]者饮
为郎憔悴却羞郎　　新升部曹[22]饮
珍重尚书遣妾来　　部曹与主人饮
半是半非君莫问　　曾典试[23]者饮
看人门下放门生　　曾入外帘[24]饮
城中相识尽繁华　　初谒选[25]者饮
灯前合作一家春　　接眷同寓者饮
此夜曲中闻折柳　　行客饮
帘外春寒赐锦袍　　华服饮
一片冰心在玉壶　　喜凉酒者饮
吴姬缓舞留君醉　　好冶游者饮

【注释】

㉑ 行走：清代把不设专官的机构或非专任的官职称为“行走”。

㉒ 部曹：旧指各部司官。

㉓ 典试：主持考试之事，即做考官。

㉔ 外帘：旧时科举乡试、会试，在贡院内阅卷的官员叫“内帘”，在考场担任弥封收掌、监试提调等职的官员叫“外帘”。

㉕ 谒（yè）选：官吏赴吏部应选。

红楼人镜[1]

旧见刊本《红楼人镜》酒令，注称谭铁箫[2]原本，周文泉[3]参订。男女百人，各注《西厢》一句，下注饮法。乃从《西厢》生出者，颇见匠心。又一本并有地名，如潇湘馆之类，不注饮酒，殆非令也。

此本凡筹六十四枝，饮法颇与红楼中人关会[4]，较谭本尤佳。照录一通，仍录谭本于后，间有增订处，期于不悖而已。

【注释】

① 译者注：人名后所接《西厢记》曲词不注出处，但指出此句影合人物之处。酒筹中的饮酒规则不作翻译，但指出规则来由，如贾宝玉筹令为"新科得捷者、新得子者、善书者，各饮一杯"，点出书中宝玉中举、宝钗有喜、黛玉夸其书法的情节及回目。有的书中多处提及，仅列举一处。有不确定的，则不注。

② 谭铁箫（1772-1831）：名光祜，字子受，一字铁箫，江西南丰人，曾任清四川夔州府通判、湖南宝庆知府等。撰有《铁箫诗稿》、《止止堂少作》。有《红楼梦筹令》一百筹。

③ 周文泉：浙江杭州人，戏曲家。著有《补天石传奇八种》、《静远草堂诗文集》。与谭铁箫同时人。

④ 关会：有关系，有所涉及。

史太君　有福之人（影贾母身份）

合席饮，多子孙者饮一杯（贾母多子多孙）

贾宝玉　我多情早被无情恼（影宝玉性情）

凡黛玉、宝钗酒准代饮

新科得捷者（一百十九回宝玉中了第七名举人）

新得子者（一百二十回宝钗有喜）

善书者（第八回黛玉夸宝玉字“怎么写的这么好了”）

各饮一杯

林黛玉　多半是相思泪（影绛珠还泪）

宝玉代饮一杯

善琴者（八十七回黛玉抚琴）

惜花者（二十七回黛玉葬花）

烧香炉者(二十七回黛玉嘱咐紫鹃烧了香,就把炉罩上)

二月生日者（六十二回袭人提到黛玉生日为二月十二）

各饮一杯

薛宝钗　大人家举止端详（影宝钗性情）

与宝玉饮合卺[5]酒一杯（九十七回宝钗宝玉成亲）

谈家务者（三十二回史湘云劝宝玉谈仕途经济，袭人说宝姑娘也说过一回）

熟曲文者（四十二回宝钗提醒黛玉说酒令时误引了《西厢记》《牡丹亭》，自称幼时也看过不少曲文）

体丰者（三十回宝玉说宝钗："怪不得他们拿姐姐比杨妃，原来体丰怯热。"

各饮一杯）

邢夫人　夫人他心数多，情性㑩（影邢夫人性情）

清闲无职事者饮一杯（四十六回说邢夫人"禀性愚弱""家下一应大小事务，俱由贾赦摆布"）

王夫人　有心待举案齐眉（影王夫人正室身份）

正印、正席、齐眉者（王夫人与贾政为原配夫妻）

持斋者（二十八回王夫人说"我今儿吃斋"）

抱孙者（有孙贾兰）

【注释】

⑤ 合卺（jǐn）：古代婚礼中的一种仪式。剖一匏为两瓢，新婚夫妇各执一瓢，斟酒以饮。代指成婚。

各饮一杯

贾元妃　我只道玉天仙离碧霄（影元春皇妃身份）

具庆[⑥]者（贾元春父母俱存）

品位最尊者（十六回贾元春“晋封为凤藻宫尚书，加封贤德妃”）

正月生日者（第二回冷子兴提到贾元春是正月初一所生）

后至者（十八回元妃省亲，元春鸾驾后至）

各饮一杯

迎春　时乖不遂男儿愿（影与孙绍祖婚姻不和）

谈因果者饮一杯（七十三回迎春看“太上感应篇”）

探春　这人一事精，百事精（影探春精明）

得此筹者，监令饮令酒一杯（探春曾管家）

将远行者（第五回太虚幻境有探春远嫁的判词和曲子）

三月生日者（七十回提到诗社在三月初二，次日探春

【注释】

⑥ 具庆：父母均存。

生日）

饮一杯

惜春　有心听讲（影惜春出家）

善画者（四十回贾母提到惜春“你瞧我这个小孙女儿，他就会画”）

信佛者（第五回太虚幻境有惜春“独卧青灯古佛旁”的判词）

年少者（第三回黛玉见到贾府三个姑娘，惜春“形容尚小”）

各饮一杯

李纨　一个士女班头

课子[7]者，饮一杯（第四回介绍李纨“惟知侍亲养子”）

王熙凤　你忒虑过空算长（影王熙凤枉费了意悬悬半世心）

【注释】

⑦ 课子：督教儿子读书。

说笑话免饮，说不笑仍饮（五十四回王熙凤说了两个冷笑话）

九月生日者（四十三回贾母提到“初二是凤丫头的生日”

当家者（王熙凤帮着料理二房家务）

放债者（王熙凤扣发月钱，放高利贷）

各饮一杯

尤氏　担着个部署不周（影尤二姐事）

罚凤姐一杯（六十八回凤姐为尤二姐事大闹宁国府）

与鸳鸯拇战三拳

秦可卿　难道是昨夜梦中来（影秦可卿托梦）

说梦、说病者饮一杯（第十回秦可卿生病，十三回秦可卿托梦王熙凤）

巧姐　为甚媒人，心无惊怕（影巧姐被卖）

七月生日者（四十二回王熙凤说出巧姐生日是七月

初七）

重庆[8]者（巧姐祖、父皆存）

各饮一杯

史湘云　绿莎[9]便是宽绣榻（六十二回湘云醉眠芍药裀）

合席打通关

薛宝琴　猜诗谜的社家（影薛宝琴）

做谜令宝玉猜，不中者罚（五十一回宝琴作十首怀古诗，内隐十物）

服新衣者（四十九回下雪贾母给宝琴一件凫靥裘披风）

未娶者（宝琴已许人家但未嫁）

各饮一杯

邢岫烟　犹是怯衣单（影邢岫烟贫寒）

服旧者（四十九回下雪邢岫烟仍是家常旧衣，并无避雪之衣）

【注释】

⑧ 重庆：指祖父母、父母都健在。

⑨ 绿莎：泛指绿草地。

有贤内助者（五十七回因岫烟端雅稳重而许配薛蝌）

各饮一杯

李绮、李纹　将我雁字排连（影二人姊妹关系）

兄弟同席者（四十九回李绮、李纹同聚芦雪庵）

通兰谱[10]者

各饮一杯

尤二姐　尽人调戏（影尤二姐先前失足之事）

罚凤姐一杯（六十九回凤姐害尤二姐吞金自尽，当罚）

戴眼镜、佩玉器、荷包者（六十四回贾琏在二姐处提到槟榔荷包，又送了汉玉九龙珮）

带槟榔、砂仁者（六十四回贾琏吃尤二姐的槟榔）

各饮一杯

尤三姐　斩钉截铁常居一（影三姐为柳湘莲殉情）

【注释】

⑩ 兰谱：是指旧俗结拜盟兄弟时互换的谱帖。

郎舅[11]同席者，敬姊夫一杯（六十五回尤三姐与尤二姐、贾珍、贾琏同席饮酒）

佩小刀饮一杯（六十六回三姐以剑自刎）

妙玉　真假（影妙玉）

新薙头[12]者（妙玉为女尼）

最善围棋者（八十七回宝玉见妙玉与惜春下围棋）

各饮一杯

胡氏　是几时孟光[13]接了梁鸿[14]案（影贾蓉继娶胡氏）

续弦者（九十二回提到贾蓉续娶的媳妇胡氏）

【注释】

⑪ 郎舅：姊妹的丈夫为郎，妻的兄弟为舅，合称为郎舅。

⑫ 薙（tì）头："薙"同"剃"，理发。

⑬ 孟光：字德曜，扶风平陵（今陕西咸阳县西北）人，东汉贤女，梁鸿的妻子。貌丑而黑，举案齐眉以事夫，夫妇因此相敬如宾。见《后汉书》卷七十三《逸民列传》第七十三。

⑭ 梁鸿：字伯鸾，扶风平陵（今陕西省咸阳县西北）人，东汉隐士。孟光的丈夫。家贫，好学，耿介有节操。因世道混乱，不愿事权贵，与妻子孟光隐居霸陵山。

初会者饮

赵姨娘　他打草惊蛇（影赵姨娘心性）

立饮一大杯

与芳官拇战三拳（六十回因芳官拿茉莉粉充蔷薇硝，惹赵姨娘来与芳官闹）

薛姨妈　为人在客（影薛姨妈客居贾府）

亲戚各一杯（第四回薛姨妈带子女进京，贾府接风）

儿女亲双杯）（八十四回王熙凤提出金玉良缘）

夏金桂　春心荡（影夏金桂有意勾引薛蝌）

席面前有鸡鸭骨者饮（八十回提到金桂“生平最喜啃骨头，每日务要杀鸡鸭，将肉赏人吃，只单以油炸焦骨头下酒”）

惧内者饮（薛蟠惧内）

不认而有据者，罚三杯）（惧内又不承认）

刘姥姥　真是积世老婆婆（影刘姥姥救巧儿）

饮一大杯，说故事或新闻免饮（三十九回刘姥姥信口开河）

以后有饮大杯者，准分饮（四十一回凤姐取黄杨根子套杯戏弄刘姥姥）

鸳鸯　几乎险被先生馔（影贾赦欲讨鸳鸯为妾事）

自饮一杯

准行新令一巡，首领官饮一杯（四十回鸳鸯入座为令官）

发多者饮（四十六回提到鸳鸯在贾母跟前剪发明志，“幸而他的头发极多，铰的不透”）

琥珀　酸溜溜螫得人牙疼（影琥珀戏谑平儿吃醋）

席间有戏谑者饮一杯（三十八回琥珀打趣平儿）

金钏　一纳头便去憔悴死（影金钏投井）

喜食生冷者饮一杯

玉钏　我又禁不起你甜话儿热趱[15]（影宝玉为金钏事赔情）

【注释】

⑮ 热趱（zǎn）：极力怂恿。

满斟一杯，饮一口，余令宝玉饮（三十五回宝玉哄玉钏亲尝莲叶羹）

彩云　我者通殷勤的，著甚来由（影彩云与贾环事）

有交头接耳密语者，饮一杯

彩霞　婚姻又反吟伏吟（影彩霞）

新婚者饮一杯

晴雯　嗤扯做了纸条儿（影晴雯撕扇）

执扇者（三十一回晴雯撕扇子作千金一笑）

贴头风膏药者（五十二回麝月将贴头疼的膏子药烤和了，晴雯自己贴在两太阳穴上）

长指甲者（七十七回晴雯“将左手上两根葱管一般的指甲齐根铰下”）

闻鼻烟者（五十二回宝玉将鼻烟盒取来，给晴雯）

各饮一杯

麝月　下工夫把头颅挣（影麝月篦头）

新梳头者（二十回宝玉给麝月篦头）

带香串者

各饮一杯

碧痕　好煞人无干净（影碧痕与宝玉同浴）

新浴者饮一杯（三十一回晴雯提到碧痕打发宝玉洗澡）

秋纹　要算主人情重（影秋纹得赏赐）

有新得彩者饮一杯（三十七回秋纹提及之前替宝玉送花给贾母，贾母赏了几百钱，王夫人赏了几件衣服，秋纹欢喜“衣裳也是小事，年年横竖也得，却不像这个彩头”）

柳五儿　乖性儿何必，有情不遂皆似此（影柳五儿心比天高身为下贱）

体弱者（六十回提到柳五儿“素有弱疾”）

迟到者

各饮一杯

袭人　破题儿第一夜（影第六回与宝玉初试云雨）

自饮一大杯

能度一曲，免饮

爱优伶者

饮一杯（第五回判词“堪羡优伶有福”，后嫁琪官蒋玉菡）

春燕　管什么拘束亲娘（影春燕娘管春燕，闹到宝玉处）

先到者

不约而至者

爱花者（五十九回春燕提醒莺儿莫掐花折柳，小心看园子的婆子抱怨）

各饮一杯

紫鹃　不由人不口儿作念心儿印（影为黛玉终身打算）

说谎话者（五十七回紫鹃骗宝玉，说黛玉要回苏州去）

议论时事者（五十七回紫鹃接话头请薛姨妈为宝黛做媒）

饮一杯

雪雁　猜我红娘做的牵头（影陪嫁宝钗事）

借补借署者（九十七回借雪雁送宝钗出嫁）

饮一杯

莺儿　你小名儿真不枉唤做莺莺（影莺儿）（名同，且莺儿心思细巧）

自饮一杯

能奏绝技一事免饮（三十五回写到擅长打络子、五十九回编花篮）

升迁调补、新移居者（莺儿随宝钗移居贾府）

各饮一杯

司棋　怎生的掷果潘安（影司棋情事）

带香袋者（七十四回抄检大观园，抄出司棋曾送情人香袋两个）

姓潘者（七十四回提到司棋情人名潘又安）

各饮一杯

侍书　启朱唇，语言的当（影官名）

科甲出身、京官外翰（侍书为探春丫鬟名，

此处作官名解，宋明时侍书为翰林院属官）

西席[16]（侍书侍奉帝王、掌管文书，与西席幕友职能相似）

各饮一杯

入画　**既然泄漏怎干休**（影抄大观园）

身边带银钱者（七十四回抄出入画替哥哥保管的一大包金银锞子）

泄气者（被抄后入画被逐出）

各饮一杯

平儿　**我做夫人，便做得过**（影李纨论王熙凤不如平儿）

与宝玉、宝琴、岫烟吃同庚酒各一杯（六十二回提到四人同一生日）

戴金镯首饰、锁匙者（五十二回平儿情掩虾须镯，三十九回李纨说平儿就是王熙凤的一把总钥匙）

佐二升署正印者（一百十九回，贾琏打算等

【注释】

⑯ 西席：幕友或受业之师。

贾赦等回来要扶平儿为正）

席中同庚者（平儿和宝玉、宝琴、岫烟同生日）各一杯

小红　眼底空留意（影小红心机远见）

自饮一杯

能说急口令一句，免饮（二十七回小红到王熙凤处回话，口齿清晰伶俐）

携俊仆、带颜色手帕者饮一杯（二十七回小红帕子被贾芸拾去）

秋桐　越教人不快活（影秋桐弹压尤二姐）

斟两杯与平儿

夺标负者饮（一百十四回秋桐因平儿得宠斗气）

有妾者饮一杯（六十九回，贾赦将秋桐赏给贾琏为妾）

丰儿　我独在窗儿外，几曾敢轻咳嗽（影丰儿为贾琏白昼宣淫把风）

默坐不语者饮（第七回周瑞家的到王熙凤处送宫花，丰儿坐在房门槛外，见周瑞家的来了，向她连连摆手，示意她向东屋回避）

翠缕　和小姐闲穷究（影翠缕与湘云论究阴阳）

善医卜、星相、命理、地理者饮一杯（三十一回翠缕与湘云谈论阴阳）

香菱　世间草木是无情，犹有相兼并（影金桂欺凌香菱事）

罚金桂一杯（八十回金桂开始摆布欺凌香菱）

与宝钗、平儿、袭人饮同庚酒各一杯（六十三回大家算来，香菱、晴雯、宝钗三人皆与袭人同岁）

师生同席者（四十八回香菱向黛玉学诗）

能诗者（四十九回众人夸香菱诗“不但好，而且新巧有意趣”）

皆饮

宝蟾　将者纸窗儿湿破，悄声儿窥视（影宝蟾引逗薛蝌事）

善烹调者，着颜色新鞋者饮（九十回宝蟾送点心给薛蝌，九十一回宝蟾穿一双新绣红鞋）

宝珠　者是肚肠阁落泪珠多（影宝珠在秦可卿灵前哀哀欲绝）

有认干女儿者饮一杯（十三回秦可卿死后，丫鬟宝珠愿为义女，摔丧驾灵）

敬可卿一杯（宝珠是秦可卿丫鬟）

茜雪　却教我翠袖殷勤捧玉杯（影为茶撵茜雪）

和席间吃茶者饮一杯（第八回茜雪将宝玉的枫露茶给了李奶奶喝）

蕙香　小梅香服侍得勤（影蕙香丫鬟身份）

同生日者（七十七回提到蕙香，也叫四儿的，与宝玉同一天生日）

出席者（七十七回蕙香被王夫人逐出怡红院，似宴中离席者）

饮一杯

绣桔　何须你一一搜缘由（影绣桔指斥刁奴）

（席间高谈者饮）（七十三回绣桔指责王住儿媳妇刁奴欺主）

小鹊　你无人处且会闲嗑牙（影小鹊通风）

听仆从回事者饮（七十三回赵姨娘丫鬟小鹊来给宝玉报信）

坠儿　我一地胡拿（影坠儿偷窃）

带手镯者饮一杯（五十二回坠儿偷平儿虾须镯事发）

傻大姐　小孩儿口没遮拦（影傻大姐无心机）

有打听新闻、说新闻者

饮一杯（七十三回傻大姐拾到五彩绣春囊）

芳官　年纪小，性气刚（影芳官与赵姨娘针锋相对）

同姓者（六十三回行酒令，芳官自述“我也姓花”，与袭人同姓）

装醉者（六十三回芳官喝醉，不觉与宝玉同榻）

各饮一杯

藕官　感怀者断肠悲痛（影藕官伤悼药官）

有心事者、情痴者各饮一杯（五十八回宝玉撞见藕官烧纸，藕官不便直言心事，让宝玉去问芳官，原是为死去的药官）

豆蕊官、葵药官　知音者芳心自同（影四人与芳官出气）

同年、同寅、同门、同乡各饮一杯（六十回豆官、蕊官、葵官、药官得知芳官被赵姨娘欺负，同仇敌忾与芳官出气）

龄官　多管是冤家不自在（影龄官与贾蔷）

善音律者（十八回元春省亲曾夸龄官唱得好）

养鸟者（三十六回贾蔷买雀讨龄官欢心）

各饮一杯

水浒酒筹[1]

李逵大闹浔阳江（首二坐为宋江、戴宗，末坐为张顺。得筹为李逵，饮一大杯，宋、戴陪小杯，即与张顺猜十拳。张顺输则饮酒，李逵输饮开水）

武松醉夺快活林（无三不过望，先饮三杯。对面为蒋门神，要连胜三拳方过，再打通关一转）

鲁智深醉打山门（先饮一大杯。首二坐为金刚，每人猜三拳）

金翠莲酒楼卖唱（首二三坐为鲁达、李忠、史进，得筹者或弹或歌，敬三人酒）

【注释】

① 水浒酒筹：以《水浒传》故事为筹令，每人抽得一筹，按规则饮酒。清小说《品花宝鉴》第二十回众人玩水浒酒筹，除抽得“李逵大闹浔阳江”“武松醉夺快活林”“鲁智深醉打山门”“金翠莲酒楼卖唱”“一丈青捉王矮虎”“梁山泊群雄聚义”，还有“宋江怒杀阎婆惜”“潘金莲雪天戏叔”“王婆楼上说风情”等筹，更近俚俗，即此令或不只十枚。

一丈青擒王矮虎（与并坐者猜拳，胜后牵巾饮三交杯，合席共贺一杯）

景阳冈武松打虎（三碗不过冈，先饮三大杯。与寅年生人，或与姓名字带虎头者猜拳，以胜为度）

请诸邻武松杀嫂（以左右四座为四邻，各照三杯。年少无须者为嫂，猜拳，以胜为度）

梁山泊群雄聚义（合席各饮三杯）

图书在版编目（CIP）数据

酒令丛钞 / (清) 俞敦培编；白金杰注译. -- 武汉：崇文书局，2018.9（2024.5重印）

（雅趣小书 / 鲁小俊主编）

ISBN 978-7-5403-5120-5

Ⅰ. ①酒… Ⅱ. ①俞… ②白… Ⅲ. ①酒令－中国 Ⅳ. ①TS971.22

中国版本图书馆CIP数据核字(2018)第208169号

雅趣小书：酒令丛钞

图书策划 刘 丹

责任编辑 程可嘉

装帧设计 刘嘉鹏 1649 design

出版发行 长江出版传媒 Changjiang Publishing & Media 崇文书局 Chongwen Publishing House

业务电话 027-87293001

印 刷 湖北画中画印刷有限公司

版 次 2018年9月第1版第1次印刷

印 次 2024年5月第2次印刷

开 本 880*1230 1/32

字 数 30千字

印 张 8.75

定 价 58.00元